DIEU, LES MATHÉMATIQUES, LA FOLIE

DU MÊME AUTEUR

Aux Éditions Robert Laffont

De l'islamisme. Une réfutation personnelle du totalitarisme religieux, 2006

Aux Éditions Julliard

Les Dents du topographe, roman, 1996, prix Albert-Camus
De quel amour blessé, roman, 1998, prix Méditerranée
Méfiez-vous des parachutistes, roman, 1999
Le Maboul, nouvelles, 2000
La Fin tragique de Philomène Tralala, roman, 2003
Tu n'as rien compris à Hassan II, nouvelles, 2004, grand prix de la nouvelle de la Société des gens de lettres
La Femme la plus riche du Yorkshire, roman, 2008
Le jour où Malika ne s'est pas mariée, nouvelles, 2009, prix Francesco-Alziator
Une année chez les Français, roman, 2010, prix Jean-Claude-Izzo, prix du Meilleur Roman francophone, mention spéciale du prix Métis, prix littéraire de l'Association des écrivains de langue française (ADELF)
La Vieille Dame du riad, roman, 2011
L'Étrange Affaire du pantalon de Dassoukine, nouvelles, 2012, prix Goncourt de la nouvelle
Les Tribulations du dernier Sijilmassi, roman, 2014, grand prix Jean-Giono

(*suite en fin de volume*)

FOUAD LAROUI

DIEU, LES MATHÉMATIQUES, LA FOLIE

Robert Laffont

ISBN 978-2-221-21789-4
Dépôt légal : octobre 2018

C'est la raison qui rend fou, pas l'imagination. Les mathématiciens et les joueurs d'échecs sombrent dans la folie, pas les poètes. Le danger est dans la logique.

G. K. Chesterton

Introduction

Ô mathématiques sévères, je ne vous ai pas oubliées, depuis que vos savantes leçons, plus douces que le miel, filtrèrent dans mon cœur, comme une onde rafraîchissante.

LAUTRÉAMONT,
Les Chants de Maldoror, II, 10

J'étais alors en proie à la mathématique. [...] / On me livrait tout vif aux chiffres, noirs bourreaux ; / On me faisait de force ingurgiter l'algèbre...

Victor HUGO, *Les Contemplations*

« Je ne comprends rien aux mathématiques »... « C'est un monde qui m'est étranger »... « Je ne sais pas résoudre la plus simple des équations »... Chaque fois que j'entends ces phrases, je me dis que la personne qui les prononce n'a pas eu, au moment crucial, le professeur qu'il lui fallait, celui qui l'aurait prise par la main et l'aurait conduite au jardin d'Éden.

J'ai eu cette chance, je l'ai même eue plusieurs fois et c'est donc par plusieurs portes que j'ai accédé à ce monde enchanté, élégant et d'une infinie richesse…

Je me souviens…

1

La question de M. D.

Je me souviens en particulier d'un professeur du lycée Lyautey de Casablanca, M. D., qui nous initia à l'aspect ludique des mathématiques. Il nous parla, par exemple, des « sept ponts de Königsberg » et il les dessina au tableau noir :

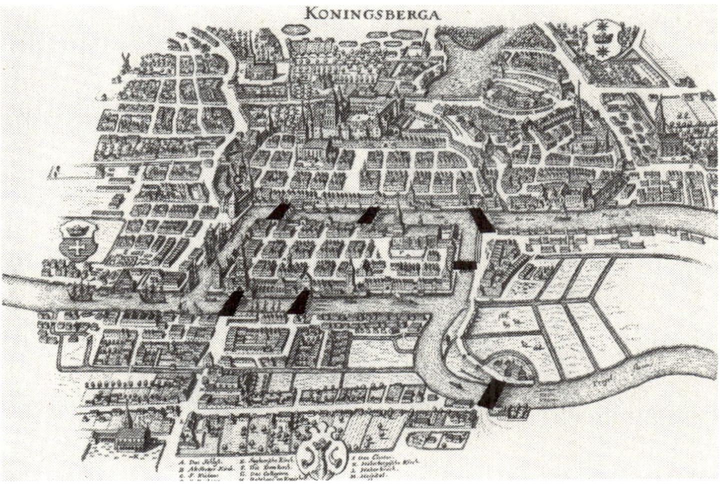

« Cette ville lointaine, appelée aujourd'hui Kaliningrad, est construite autour de deux îles situées sur la rivière Pregel et reliées entre elles par un pont. Six autres ponts relient les rives de la rivière à l'une ou l'autre des deux îles. Est-il possible de faire une promenade dans les rues de Königsberg en partant d'un point de départ quelconque, de passer une seule fois par chaque pont et de revenir à son point de départ ? »

Nous nous prîmes au jeu mais il fallut bientôt nous rendre à l'évidence : en dépit des rames de papier noirci furieusement et des mines de crayon cassées, il était impossible de dessiner cette satanée promenade !

Ce fut l'occasion pour notre professeur de nous parler de Leonhard Euler, cet illustre mathématicien qui s'était attaqué au problème et l'avait partiellement résolu en 1736. Et surtout, il nous expliqua que ce petit casse-tête était à l'origine de deux branches des mathématiques : la topologie et la théorie des graphes. (Aucune des deux n'était au programme mais M. D. ne s'arrêtait pas à ces détails). Il nous en montra la formalisation sous forme de *points* et d'*arêtes*.

Un autre jour, il sortit une pièce de sa poche et commença à tirer à pile ou face en notant au tableau les résultats. Un quart d'heure plus tard, nous avions compris la « loi faible des grands nombres »...

Eh bien, c'est ce professeur bien avisé qui nous dit un jour, l'air rêveur :

— C'est étonnant, la plupart des grands mathématiciens étaient un peu fous... ou carrément fous à lier.

Bien qu'étant alors d'une timidité maladive, je ne pus m'empêcher de crier :

— Pourquoi ?

Oui, je l'avais crié, pas demandé... Surpris, M. D. fronça les sourcils.

— Pourquoi, pourquoi… Vous en avez de bonnes, vous… On n'en sait rien, au fond !

Puis un sourire que je ne peux m'empêcher de qualifier de sardonique avait éclairé son visage.

— Eh bien, vous nous l'expliquerez un jour, mon jeune ami. Nous comptons sur vous. Ne nous décevez pas !

Je rougis profondément et baissai la tête, sous les quolibets de mes condisciples.

Je n'ai jamais oublié cette scène. Au cours des décennies qui suivirent, je fis beaucoup de mathématiques (avec une prédilection pour la topologie), mais ce qui m'intéressait le plus, c'était les mathématiciens eux-mêmes, les Fermat, les Abel, les Riemann… À ma grande déception, je m'aperçus que beaucoup n'étaient pas « fous » – Descartes, Gauss ou Poincaré m'apparaissaient comme des modèles de pondération et d'équilibre. Le grand Euler était l'exemple même de la sérénité. Calviniste, il réunissait chaque soir sa famille et lui lisait un chapitre de la Bible, puis le commentait. Mais il ne versa jamais dans le mysticisme. David Hilbert mena une vie calme et bien réglée. Puis, de temps en temps, je tombais sur un excentrique, un hurluberlu ou, carrément, un aliéné mental, et le défi de M. D. se posait de nouveau…

Mais comment s'expliquer ces cas, disparates, que ne semble lier que « la folie », ce concept si vague ?

Oui, que penser du génial Alexandre Grothendieck (1928-2014), un des plus grands « matheux » du XXe siècle, qui quitta un jour une carrière prestigieuse à Paris pour aller s'enterrer dans un village de l'Ariège, où il vécut en ermite jusqu'à sa mort, refusant de voir qui que ce soit ? Comment comprendre l'attitude de Grigori Perelman qui, ayant résolu la « conjecture de Poincaré », refusa le million de dollars qui était promis à qui accomplirait l'exploit ? Comment interpréter la phrase la plus énigmatique qu'on lui ait attribuée (quelque chose comme : « Je sais comment diriger l'Univers ») ?

Comment « expliquer » Paul Erdős, ce Hongrois errant qui passa sa vie à voyager, une petite valise à la main, passant d'un pays à l'autre, logeant chez ses collègues, enfoui dans ses calculs dix-huit heures par jour ? Cela valait-il de renoncer à une vie de famille et à toute possession ? Et John Nash, qui voyait – littéralement – des fantômes, qui n'arrivait pas à bien distinguer ce monde qui est le nôtre de celui qui n'existait que dans sa tête ? Et pourtant, cette hallucination quotidienne ne l'empêcha pas d'obtenir le prix Nobel d'économie en 1994 et le très prestigieux prix Abel de mathématiques en 2015 (un doublé unique dans l'histoire). Comment percer ce mystère ? Et Kurt Gödel ? Comment approcher cet homme énigmatique, auteur du théorème le plus profond et le plus troublant de la logique, qui voyait lui aussi des fantômes (mais dans un autre sens que Nash) et qui mourut d'inanition parce qu'il se nourrissait à peine, tant il craignait d'être empoisonné ?

Certes, je l'ai dit, des mathématiciens, et des plus grands, menèrent des vies parfaitement réglées et ne souffrirent jamais de la moindre bouffée délirante, mais il suffit d'évoquer leurs noms pour voir surgir, en regard, d'autres noms, ceux de contemporains dont le moins qu'on puisse dire est que leur santé mentale était fragile. Ainsi, face au prudent Descartes il y eut Pascal, authentique enfant prodige, inventeur de la calculatrice et de la presse hydraulique, qui abandonna les mathématiques après sa fameuse « nuit de feu » – la voilà, la bouffée délirante – pour se consacrer entièrement à la religion. Aujourd'hui on l'appellerait « fondamentaliste », « fou de Dieu »…

Parfois la folie prend des formes douces, presque attendrissantes. C'est Michel Chasles, brillant mathématicien, membre de l'Académie des sciences, infaillible dès qu'il s'agissait d'équations mais d'une naïveté confondante dans la vie de tous les jours : un faussaire, un certain Vrain-Lucas, réussit à lui vendre à prix d'or de prétendues lettres d'Alexandre le Grand à Aristote, de Jules César à Vercingétorix, du même César à Cléopâtre, toutes rédigées en vieux français… (On imagine avec délectation un « Ma mie, comment vous portez-vous céans ? », couché sur papyrus et signé de la main du conquérant de la Gaule.) Le juge qui traita l'affaire n'en revenait pas, Chasles était tout de même polytechnicien…

La folie peut devenir furieuse. On se souvient de Ted Kaczynski, surnommé « Unabomber », ce mathématicien, militant écologiste (comme Grothendieck) et… terroriste américain qui fit l'objet de la chasse à l'homme la plus coûteuse de l'histoire du FBI. Enfant surdoué, il entra à Harvard à seize ans et démontra un important théorème d'algèbre à vingt-trois ans. Après une courte carrière de professeur de mathématiques, il décide de se retirer dans la nature puis se mit à envoyer des colis piégés à diverses personnes représentatives, selon lui, de la « société technologique ». Il fit en dix-huit ans trois morts et vingt-trois blessés, avant d'être arrêté. Dans le cas de Kaczynski comme dans celui de Gödel, il est difficile de faire la part du rationnel et du dément. Pour justifier son « terrorisme », il s'appuya sur deux thèses : 1) le prétendu « progrès technique » nous conduit à un désastre inéluctable ; 2) seul l'effondrement de la civilisation moderne peut empêcher le désastre. Qu'on le veuille ou non, les deux propositions ne sont pas saugrenues…

Et puis il y a Cantor, le père de la théorie des ensembles, l'homme qui révolutionna les mathématiques mais qui souffrit toute sa vie d'accès de dépression et mourut à l'asile psychiatrique. Tout comme Gödel, mais avant lui, Cantor avait réfléchi aux implications théologiques de ses recherches. C'est là, dans ses travaux les plus « pointus », qu'il avait cru trouver Dieu. Dieu, c'était l'*infini absolu* et, contrairement aux élucubrations des créateurs de religion, on pouvait le définir avec rigueur... (Comme Chasles, Cantor eut sa période de folie douce liée à la littérature. Il fut un temps obsédé par l'idée que les œuvres de Shakespeare avaient été écrites par Francis, lord Bacon of Verulam – une idée qui avait surgi au XVIIIe siècle et qui témoignait d'un certain mépris de classe envers le fils de gantier et petit-fils de paysan qu'était le grand Will. Il dépensa des sommes d'argent ahurissantes pour acquérir des éditions anciennes de Shakespeare...)

Alors d'où vient cette « folie » caractéristique des mathématiciens (au point qu'il faudrait peut-être lui donner un nom spécifique) ?

2

Trois visages de la folie

Ici, il faut s'arrêter un instant sur la nature même des mathématiques.

À la différence de la physique, de la biologie, voire de l'économie, les mathématiciens ne construisent pas des *théories* – « réfutables » au sens de Popper, donc provisoires, donc incertaines. Ils sont (ou croient être) au contact direct avec la structure logique de l'univers, avec son ordre – avec l'Être, pour parler comme les métaphysiciens. « [Les mathématiques pures] se présentent (…) comme un ensemble de vérités indépendantes des contingences, universelles et éternelles. Il n'est pas surprenant que beaucoup de penseurs y aient vu et y voient encore l'expression de la parfaite permanence, c'est-à-dire de l'être lui-même. » (D'Espagnat)

C'est une idée qui vient de loin. Dans le célèbre papyrus Rhind, qui date de 1650 avant notre ère, le scribe Ahmès promet de « révéler *tout ce qui est* » ; or ces intimes secrets de l'univers sont en fait quatre-vingt-sept problèmes résolus d'arithmétique, d'algèbre et de géométrie…

Il y a quelque chose d'enivrant dans la découverte de ces « secrets » parce qu'on touche à l'éternel (un des noms de Dieu...). Lorsqu'un théorème est démontré, il l'est définitivement, pour l'éternité. Le théorème de Pythagore « tient » depuis des millénaires alors que toutes les conceptions de son époque touchant à la physique, la médecine ou l'astronomie sont largement dépassées. La vérité mathématique est immuable. « C'est la seule certitude », disait Erdős. Il s'agit donc bien d'un *absolu* auquel accède le mathématicien quand il réussit à voir pour la première fois ce que personne avant lui n'avait vu.

Lorsque Euclide conçut sa fameuse preuve de l'infinité des nombres premiers, il « contempla, seul, la Beauté nue », selon l'expression poétique d'Edna St Vincent Millay (1922). Kepler interrompait ses considérations scientifiques par des « cris enchantés dus à quelque découverte d'une relation géométrique ou d'une analogie arithmologique ou musicale ». Parfois il entonnait une ode ou un cantique et se livrait alors, selon ses propres termes, à une *extase sacrée* (Cotta p. 47).

Quand Andrew Miles entrevit l'achèvement de la démonstration du mythique théorème de Fermat – qui n'était jusque-là qu'une *conjecture* –, il éclata en sanglots dans son bureau exigu de Cambridge. Dans l'immensité de l'Univers, c'était dans sa tête, poussière infiniment petite, que venait d'apparaître pour l'éternité une vérité absolue qui le précédait infiniment et lui survivrait tout aussi infiniment. Andrew Miles touchait à la transcendance. La phrase de Pascal prend là tout son sens. « L'homme n'est qu'un roseau, [...] mais c'est un roseau pensant. »

« Pensant »... Voici une autre spécificité des mathématiques. Non seulement il n'y a qu'une seule réponse juste à un problème donné, mais cette vérité ne se vérifie pas par l'expérimentation mais par le raisonnement, par l'argumentation. Si les autres sciences se développent sur le terrain ou en laboratoire, les mathématiques, elles, s'épanouissent, se ramifient et se complexifient dans l'esprit humain (c'est le savoir « synthétique a priori » de Kant). Ainsi l'esprit humain pénètre-t-il de plus en plus profondément dans la compréhension de l'Être.

De ce point de vue, les physiciens-mathématiciens de l'ère moderne (c'est-à-dire depuis le XVIIe siècle, celui de Galilée, de Descartes et de Newton) entrevoient quelque chose de l'absolu et de l'infini. Depuis que Galilée a compris cette vérité vertigineuse que *l'univers s'écrit en langage mathématique* – qu'Einstein complétera en affirmant que « ce qui est incompréhensible, c'est que le monde soit compréhensible » –, les grands physiciens sont aussi saisis par une sorte d'effroi sacré quand ils soulèvent pour la première fois un coin du voile.

Heisenberg, lorsqu'il découvrit la relation d'incertitude constitutive de l'Univers, sortit dans la forêt et, tout comme Andrew Miles le ferait quelques décennies plus tard, il éclata en sanglots. Lui, Heisenberg, était à ce moment-là, dans l'immensité du monde, l'unique dépositaire d'une vérité quasi divine.

Divine ? Le grand mot est lâché, qui donne peut-être la clef de l'affaire. Pour un penseur digne de ce nom, Dieu n'est pas un grand bonhomme barbu qui trône dans les nuages et s'occupe du moindre de nos éternuements. *Deus, sive natura*, disait Spinoza, et ce n'est pas une coïncidence s'il disait cela en quasi contemporain de Galilée. Si le monde s'écrit en langage mathématique, alors le vrai Verbe, ce sont ces équations qui l'ordonnent, *qui l'ont peut-être créé* – c'est la *natura « naturans »* de Spinoza.

La boucle est donc bouclée. Les fous de Dieu, les mystiques, prétendent vouloir contempler à force d'ascétisme la face de Dieu, voire ne faire qu'un avec lui. C'est le sens du fameux « Je suis la Vérité ! », ce cri surhumain qui valut à Hallaj, l'un des grands mystiques musulmans, d'être crucifié à Bagdad en 922 pour blasphème. La Vérité, *al-haqq*, n'est-ce pas l'un des noms de Dieu ? Or que fait un mathématicien quand il démontre un théorème et ainsi déchiffre une phrase dans laquelle Dieu, *c'est-à-dire la Nature*, s'exprime ? Ne contemple-t-il pas, à ce moment précis, sinon la face de Dieu, du moins l'un de ces innombrables miroitements ? Quel privilège extraordinaire d'être le premier à voir cela ! On comprend que la folie rôde alors dans ces parages exaltés. Mais alors les « vrais » fous, ce sont peut-être les autres, ceux qui ne se hissent pas à cette hauteur, ceux qui ne voient pas le miracle, ceux qui ne sont pas mathématiciens…

En affinant cette réflexion, obsédé par l'idée qu'on pouvait peut-être apporter une réponse à la question de M. D., j'ai cru pouvoir distinguer trois formes de cette recherche de l'absolu, trois visages récurrents (mais peut-être historiquement déterminés) de cette folie, qu'on pourrait nommer et caractériser de trois façons différentes.

1. La quête de l'infini : littéralement, le mathématicien *se mesure* à Dieu, en dépit des avertissements des philosophes et des interdictions de l'Église.

2. La recherche de la structure logico-mathématique du monde : il s'agit de comprendre Dieu donc, en un certain sens, d'*être* Dieu.

3. L'exploration de l'au-delà du monde : enivré par le formalisme, le théoricien dépasse Dieu – et, ne trouvant plus aucune limite, se perd dans une folle fuite en avant.

Ces trois formes d'*hubris*, de *dé-mesure*, font donc l'objet des trois parties de cette tentative d'épuisement d'un sujet inépuisable, vouée d'avance à l'inachèvement, mais qu'importe – c'est le chemin qui compte. Ce chemin sera parfois ardu mais il en vaut la peine, tant « les charmes enchanteurs de cette sublime science ne se décèlent dans toute leur beauté qu'à ceux qui ont le courage de l'approfondir » (Gauss).

I

LA QUÊTE DE L'INFINI : SE MESURER À DIEU

On peut le nommer, on peut en discourir, on peut s'en obséder, est-ce pour autant qu'il existe ? Et s'il existe, peut-on le définir autrement que par ce qu'il n'est pas ? Peut-on le connaître ? La question de l'infini s'est très tôt posée en philosophie ; il se peut qu'elle ait reçu une réponse définitive en physique (« l'univers est fini mais illimité », selon Einstein) ; néanmoins elle continue de fasciner et il est probable qu'elle ne cessera jamais de le faire tant qu'il y aura une intelligence terrestre pour s'en emparer, à ses risques et périls.

1

Dieu et l'infini

Qui donc connaît les flux et les reflux réciproques de l'infiniment grand et de l'infiniment petit ?

Victor HUGO, *Les Misérables*, III

Il semble que l'idée d'infini fut d'emblée associée à celle de Dieu, ou plutôt de la *divinité*. (Peut-être est-ce justement *parce qu'il fallait l'identifier à l'infini*, ou du moins compter l'infini parmi ses attributs, que le Dieu des monothéismes a été déclaré unique. Comment concevoir plusieurs infinis distincts ?) Le *premier principe* des pythagoriciens, cette secte religieuse fondée par Pythagore au Ve siècle av. J.-C. et dont les initiés s'appelaient « mathématiciens » (« ceux qui détiennent le savoir »), était le couple « limité-illimité ». Tout part de là.

Les présocratiques furent sans doute les premiers à poser explicitement l'équation « infini = Dieu » qui allait tant tourmenter les théologiens et les mathématiciens. Ils affirmèrent d'abord (comme les pythagoriciens) que l'infini était un *principe* : on ne pouvait pas le déduire d'autre chose. En tant que principe, il était non engendré et non périssable (puisque seul ce qui est engendré connaît une fin). Or ce qui n'est pas engendré et qui est immortel est « la divinité ». CQFD.

Dans la Genèse, premier livre de la Bible et de la Torah, Dieu dit à Abraham : « Lève les yeux au ciel et dénombre les étoiles, si tu le peux. » Il l'invite donc simultanément à prendre conscience de l'infini qui l'entoure… et à s'avouer vaincu d'avance dans sa conquête. Dans la sourate « al-Kahf » du Coran, la parole de Dieu (*kalam Allah*) est dite infinie. Plus précisément, l'image qui en est donnée suggère la notion d'infini : « Si l'on utilisait un océan d'encre pour écrire les paroles de mon Seigneur, l'océan se viderait sans qu'elles soient épuisées. » Dans la religion jaïniste, la réalité est composée de deux principes éternels, le *jîva* et *l'ajîva*, le *jîva* désignant un nombre infini d'unités spirituelles ou d'âmes.

2

L'infini affole la raison

Zénon ! Cruel Zénon ! Zénon d'Élée !
M'as-tu percé de cette flèche ailée
Qui vibre, vole, et qui ne vole pas !

Paul VALÉRY

Avant d'atteindre la cible, la flèche doit parcourir la moitié de la distance qui sépare l'archer de ladite cible. Mais elle doit d'abord parcourir la moitié de cette moitié, et avant cela la moitié de la moitié de la moitié… *ad infinitum*. Elle n'atteindra donc jamais son but.

Zénon d'Élée fut le premier à introduire une sorte de « folie » liée à l'infini en s'en servant pour prouver, à l'aide de ses célèbres paradoxes (Achille et la tortue, la flèche et la cible, etc.) l'*impossibilité du mouvement* – conformément à la doctrine de Parménide. Le mouvement est pourtant observable tous les jours dans la vie quotidienne – mes doigts volent sur le clavier pendant que j'écris cela. Selon la tradition, Diogène le cynique se contenta de se lever et de faire quelques pas sans dire un mot pour réfuter la thèse absurde de Zénon. Le mouvement se prouve en marchant…

« Prouver » que nos sens nous trompent, comme crut le faire Zénon, c'est donner à la schizophrénie ses lettres de noblesse… Ce qu'il faut noter ici, c'est que deux des paradoxes de Zénon utilisent l'infini pour « nier l'évidence » du mouvement. Aristote les cita et les commenta et c'est en y réfléchissant qu'il en arriva à sa propre conception, qui marquera l'histoire de la philosophie.

3

Les deux infinis d'Aristote

Aristote admet l'infini *potentiel* (ou *en puissance*) mais rejette l'infini *en acte.* (La distinction entre « potentiel » et « acte » est fondamentale dans la pensée aristotélicienne : le premier est défini comme étant « toute disposition se trouvant dans une chose et étant *principe de changement* », l'acte (ou l'« actualisation ») étant la réalisation de ce qui était simplement potentiel : la graine contient l'arbre « en puissance », l'arbre est l'actualisation de cette puissance.)

Aristote rejette donc l'infini *en acte.* (Pour user d'une image un peu grossière, ce serait l'infini *pris d'un seul tenant.*) Dans un passage fameux du livre III de sa *Physique*, dans lequel il analyse la validité des thèses de ses prédécesseurs à l'aide d'une seule question : l'infini existe-t-il en acte ?, il écrit que « l'infini est ce qui est tel que lorsqu'on en prend une quantité, quelque grande qu'elle soit, il reste toujours quelque chose à prendre ». Puisque ce geste virtuel (« en prendre quelque chose ») se répète *indéfiniment* sans jamais épuiser l'objet, il en conclut qu'un infini est toujours potentiel, jamais « en acte », jamais réel.

Vingt-trois siècles plus tard, ce point de vue aristotélicien est toujours farouchement défendu par certains physiciens. Voir par exemple Christian Magnan : « L'infini est une notion mathématique qui n'a pas d'équivalent dans le monde physique. Soutenir que notre Univers serait “infini” est absurde car *cela ne signifie rien en réalité*. Toute théorie physique implique des nombres, en tant que tels forcément répartis sur un intervalle fini. Par conséquent un univers infini, situé hors du domaine de la mesure, s'exclut *ipso facto* du cadre de la physique. »

Que l'infini soit toujours potentiel, jamais « en acte », posera plus tard un problème aux théologiens soucieux de concilier les idées d'Aristote avec l'Écriture. Ce qui n'est que potentiel est imparfait, comment imaginer qu'un attribut de Dieu, l'infinitude, soit imparfait ?

Plusieurs siècles après les cogitations d'Aristote, saint Augustin dira ceci : Dieu, parce qu'il rassemble en lui toutes les perfections, est un infini nécessairement *actuel* (il existe), mais il est uniquement concevable *par la foi*. On ne peut le connaître d'aucune autre manière. En particulier, on ne peut pas le connaître comme un corps physique. Ainsi saint Augustin estimera-t-il avoir résolu le problème posé par la répudiation aristotélicienne de l'infini actuel, qui reposait sur l'impossibilité *logique* d'avoir un *corps infini*.

Déniant ainsi toute existence *physique* à l'infini, Aristote lui reconnaissait toutefois une certaine existence mathématique : chaque entier est suivi d'un autre, aucun point d'une droite ne peut en être le dernier, etc. (On pourrait se poser la question : si les nombres entiers sont inépuisables, *où* donc les puisons-nous ? – mais chut...) Disons, en anticipant un peu, que les mathématiciens *raisonnables* ont tenté de se contenter de cet infini potentiel (ou de s'y ramener), en évitant l'infini actuel. Après tout, on peut admettre que la somme *infinie* des fractions 1/2 + 1/4 + 1/8… soit égale à 1 sans se poser de question métaphysique…

Euclide, aussi méfiant ou prudent sur ce point qu'Aristote, ne disait pas qu'il y avait une *infinité* de nombres premiers, il se contentait d'affirmer – et de démontrer – que « les nombres premiers sont en plus grande quantité que toute quantité proposée » (Proposition 20 du livre IX des *Éléments*).

4

L'infini et les indivisibles

L'éternité, c'est long, surtout vers la fin.
Woody ALLEN

Ce mot d'esprit fait sourire tout le monde, petits et grands... mais pas les mathématiciens. Eux, ils sont tentés de le prendre au sérieux. Si le comique new-yorkais avait voulu amuser Aristote ou Cantor, le premier lui aurait demandé d'un ton grave, en se lissant la barbe, s'il parlait d'une éternité *composée d'instants indivisibles* ; le second lui aurait enjoint, en fronçant le sourcil, de préciser s'il concevait une suite « dénombrable » d'instants ou bien si son éternité avait « la puissance du continu ». Gageons que Woody Allen aurait été pris de court...

Le rapport entre la question de notre Aristote imaginé (les « indivisibles ») et celle de notre Cantor tout aussi fictif (le « continu ») n'est peut-être pas évident mais il existe. On peut même dire qu'il a déclenché l'une des controverses philosophico-mathématiques les plus profondes et les plus explosives de toute l'histoire de la pensée humaine, une controverse qui a conduit maint penseur au bord de la folie, à commencer par Cantor lui-même.

Tout commence dans un frou-frou d'ailes qui battent dans l'azur. C'est dans une démonstration du mouvement continu des anges (!) (*Ordinatio*, livre II) que Duns Scot (1266-1308), le *Doctor subtilis* de la scolastique, soulève un paradoxe qui va connaître une belle postérité. Le théologien écossais s'en sert pour réfuter la thèse selon laquelle le continu serait formé d'*indivisibles*.

L'idée est assez simple à comprendre. Imaginons une droite formée d'une infinité de grains de sable impeccablement alignés. Ils sont minuscules, ces grains de sable, et bien serrés les uns contre les autres mais, pour autant, peut-on dire que la droite est continue ? Comme souvent, c'est Aristote qui avait levé le lièvre en estimant (*Physique,* VI) qu'il était impossible qu'un continu fût formé d'indivisibles. Une ligne ne peut être formée de points puisque la ligne est continue et le point indivisible.

Voici la démonstration de Duns Scot : on trace deux cercles concentriques à partir d'un centre *a*. Prenons deux points *b* et *c* du grand cercle. Du point *a*, traçons une ligne droite le joignant à chacun de ces deux points. Les droites *ab* et *ac* coupent le petit cercle en deux points distincts. On peut renouveler l'expérience tant qu'on voudra, la conclusion est évidente : à deux points distincts du grand cercle correspondent toujours deux poids distincts du petit, on a donc le même nombre de points dans chacun des cercles, fait remarquer Scot. Or c'est impossible, puisque l'un est plus grand que l'autre. Conclusion : le *continu* (ici représenté par la circonférence des cercles) ne peut être composé de points discrets (« indivisibles », dans la terminologie aristotélicienne – on pourrait aussi parler d'atomes).

Deux points importants sont à noter ici, en passant :

1. le continu *physique* et le continu *mathématique* ne sont pas distingués. (Henri Poincaré en donne dans

La Valeur de la science une illustration éclairante : « Le continu physique est pour ainsi dire une nébuleuse non résolue [...], le continu mathématique est la nébuleuse résolue en étoiles. »)

2. le franciscain Duns Scot utilise des raisonnements physico-mathématiques pour en tirer des conclusions *métaphysiques*, ce qui justifie par avance l'usage métaphysique que feront beaucoup de mathématiciens de leur discipline aux XIXe et XXe siècles.

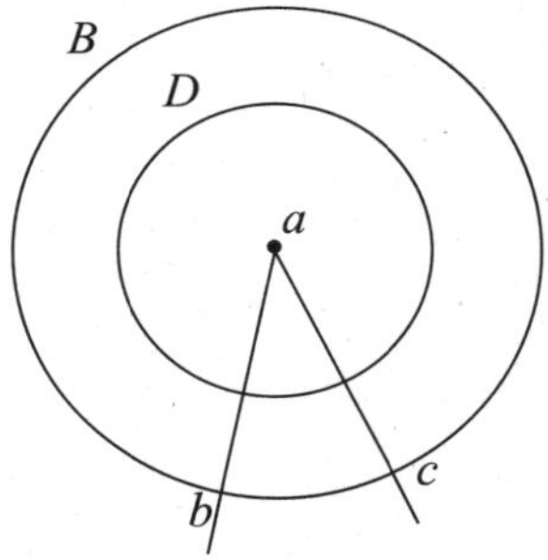

5

Évident mais faux (ou les méfaits de l'infini)

On sait aujourd'hui que ce qui était *évident* pour Duns Scot (« il ne peut y avoir le même nombre de points dans les deux cercles »), et qui est à la base de sa démonstration, n'est pas vrai. Comme on le verra plus loin, la conclusion du *Doctor subtilis* sera contredite au XIXe siècle par Georg Cantor (1845-1918) – qui parlera de la « force prodigieuse du continu ». Cantor fera même de ce paradoxe la base de ses ébouriffantes réflexions sur l'infini : puisque les rayons issus du centre créent entre les points des deux cercles une correspondance un à un (une correspondance « bijective » ou « biunivoque », en termes mathématiques) alors *il y a autant de points dans le petit cercle que dans le grand.* Le nombre infini (il faudra s'habituer à cette étrange formulation – le terme exact étant « cardinal ») de points qui forment le petit cercle est « égal » au nombre infini de points qui forment le grand cercle.

Pour mieux frapper les esprits, on peut donner une forme encore plus « scandaleuse » au paradoxe de Duns Scot, celle de la « réflexivité ». Si un ensemble est infini, il est possible de le mettre en correspondance bijective avec une de ses parties propres (c'est-à-dire différente de lui-même). Par exemple, la relation qui associe à chaque nombre entier n son carré n^2 établit une correspondance bijective entre les entiers 0, 1, 2, 3, 4… et les carrés 0, 1, 4, 9, 16…, *qui sont pourtant « moins nombreux.* »

On peut corser l'affaire et, à l'aide de la correspondance qui à x associe $1/(x + 1)$, montrer que l'intervalle des nombres réels compris entre 0 et 1, noté $]0, +1[$, et l'ensemble des nombres réels positifs, noté $]0, +\infty[$, ont le même cardinal. Autrement dit, il y a « autant de points » dans le minuscule segment compris entre 0 et 1 que sur toute la droite infinie qui part de 0 et ne s'arrête jamais…

Ces paradoxes de la « réflexivité » heurtent de front l'un des principes intuitifs les plus solides de la pensée humaine, celui qui veut que « le tout est plus gros que la partie » – c'est ce qu'on appelle parfois l'axiome d'Euclide. Comment renoncer à une vérité aussi claire ? Notre raison peut-elle sortir indemne de la remise en cause de ce qui nous semble la chose du monde la plus sûre ?

6

Qui peut penser l'infini ?

> *Voir un monde dans un grain de sable*
> *[...]*
> *Tenir l'infini dans la paume de sa main*
> *Et l'éternité dans une heure...*
>
> William BLAKE

Devant un tel défi lancé à la raison humaine, on a souvent préféré conclure que *seul un être infini pouvait penser l'infini*. Et puisqu'on ne connaissait qu'un seul être infini, Dieu, l'Église s'opposa à toute tentative humaine de penser l'infini *actuel* – ce qui concordait parfaitement avec les conceptions aristotéliciennes. Thomas d'Aquin considérait que quiconque prétendait appréhender l'infini entrait en concurrence avec Dieu. On ne peut rêver de cas plus flagrant d'orgueil au sens chrétien du terme ou d'*hubris* au sens des Grecs antiques...

Galilée remarqua, lui aussi, la correspondance biunivoque entre les nombres et leurs carrés. Il en déduisit que les quantités infinies ont décidément des propriétés bien étranges, mais au lieu de se lancer avec une folle intrépidité sur cette piste, comme le feraient Bolzano, Dedekind ou Cantor quelques siècles plus tard, il fit précisément le contraire : il décida qu'il n'y avait rien à tirer de l'étude (mathématique) de l'infini, que ce n'était pas un concept opératoire. Sage Galilée…

Ce sera un point de vue largement partagé au cours des deux siècles qui suivirent. (Plus précisément, les mathématiciens s'interdiront d'utiliser *directement* les ensembles infinis, mais pourront raisonner « en compréhension » sur les propriétés de leurs éléments). Pour ne prendre qu'un exemple, celui du « prince des mathématiciens » Carl Friedrich Gauss (1777-1855), il écrira avec vigueur : « Je conteste qu'on utilise un objet infini comme un tout complet ; en mathématiques, cette opération est interdite. *L'infini n'est qu'une façon de parler.* »

7

Le moment Pascal

Qu'est-ce qu'un homme dans l'infini ?
Pensées, 185

Blaise Pascal (1623-1662) s'intéressa à l'infini de diverses façons et c'est pourquoi ce fut lui, le mathématicien de génie, le physicien expérimentateur, le mystique du « Mémorial », qui donna une des clefs les plus utiles pour comprendre cette lutte immémoriale de la bête humaine avec l'ange de l'infini.

L'inventeur de la machine arithmétique avait la faculté de se dédoubler, de se confectionner plusieurs identités : Louis de Montalte (le polémiste), « L'Anonyme », Amos Dettonville (le scientifique), Salomon de Tultie, etc. Le Pascal pédagogue se contenta de donner une *caractérisation* de l'infini (tel que « la somme des infinis peut être un infini » et que, par exemple, « un carré deux fois plus grand qu'un autre *ne contient pas* le double de carrés infiniment petits »), mais sans aller plus loin. Il est vrai qu'il ne s'agissait pas d'un traité consacré spécifiquement à cette question mais des *Éléments de géométrie*, ouvrage destiné aux élèves de Port-Royal, rédigé en 1658 à la demande d'Antoine Arnauld, et dont il ne reste que l'introduction (*De l'esprit géométrique*) dont sont tirées les phrases ci-dessus.

Le Pascal *mathématicien* inventa le calcul des probabilités… et l'appliqua à la foi. Son fameux « pari », qui devait inciter les libertins à se convertir, est en fait un simple calcul d'espérance mathématique.

Contrairement à Descartes, pour qui toutes les lois du monde peuvent être trouvées, et par la seule raison (puisque Dieu l'a voulu *rationnel*), Pascal voyait ce même monde comme une sorte de « rébus à déchiffrer » (Brunschvicg) pour lequel la raison et la logique ne suffisent pas. « Pour Pascal, tout est écrit en chiffres, difficiles à lire. » (Wahl) Certes, le mathématicien peut aller très loin. Par exemple le hasard lui-même se laisse déchiffrer, il a ses *lois*. Le calcul des probabilités est le calcul des occurrences d'un événement particulier sur un nombre *infini* de cas. Il y a donc un lien entre le hasard et l'infini. L'idée est vertigineuse et peut se concevoir de plusieurs façons, plus fascinantes les unes que les autres. Ainsi, on pourrait dire qu'il faut aller à l'infini pour dompter le hasard. Mais un simple mortel peut-il aller « au bout » de l'infini ? Oui, répond Pascal… et il invente le calcul intégral, avant Leibniz (ce dernier eut l'occasion de consulter des manuscrits de Pascal, par le biais d'Étienne Périer, son neveu.) Mais…

Mais le Pascal *mystique* n'en avait pas fini avec l'infini. Ayant dompté l'infini géométrique grâce au calcul intégral, il en retrouva l'horreur ou l'effroi « en regardant tout l'univers muet, et l'homme sans lumière » dans sa si justement célèbre méditation des deux infinis, qui est un chef-d'œuvre de maîtrise de la pensée et de la langue et qui mérite donc qu'on la cite presque *in extenso* :

Que l'homme contemple donc la nature entière dans sa haute et pleine majesté, qu'il éloigne sa vue des objets bas qui l'environnent. […] Tout ce monde visible n'est qu'un trait imperceptible dans l'ample sein de la nature. Nulle idée n'en approche. Nous avons beau enfler nos conceptions au-delà des espaces imaginables, nous n'enfantons que des atomes, au prix de la réalité des choses. C'est une sphère dont le centre est partout, la circonférence nulle part. […]

Que l'homme étant revenu à soi, considère ce qu'il est au prix de ce qui est ; qu'il se regarde comme égaré dans ce canton détourné de la nature ; et que de ce petit cachot où il se trouve logé, j'entends l'univers, il apprenne à estimer la terre, les royaumes, les villes et soi-même son juste prix.

Qu'est-ce qu'un homme dans l'infini ? […]

Car enfin qu'est-ce que l'homme dans la nature ? Un néant à l'égard de l'infini, un tout à l'égard du néant, un milieu entre rien et tout.

Ce texte est remarquable à plusieurs égards justement parce qu'il est d'un homme qui fut à la fois physicien, mathématicien et philosophe. Pascal « dompta » l'infini (en trouvant des lois du hasard et en démontrant la possibilité qu'une sommation infinie débouche sur une somme finie) et pour autant, il ne s'en estima pas quitte avec lui. Dieu est venu « dans un étrange secret » (Wahl, p. 31), il *nous parle* puisqu'il a fait un monde dont nous pouvons déchiffrer certaines figures, mais il ne cesse pas pour autant d'être *Deus absconditus*, le Dieu caché. La conclusion de sa méditation est implacable : l'homme est « infiniment éloigné de comprendre les extrêmes. La fin des choses et leur principe sont pour lui invinciblement cachés dans un secret impénétrable, également incapable de voir le néant d'où il est tiré, et l'infini où il est englouti. »

Pour Pascal, la maîtrise par les mathématiques de l'infini (dont il fut l'un des pionniers) ne change rien au problème métaphysique. Il ne s'agit pas de parler à la raison, comme dans la philosophie de Descartes, mais à la foi. C'est le sens de sa fameuse « pensée 77 » : « Je ne puis pardonner à Descartes ; il aurait bien voulu, dans toute sa philosophie, se pouvoir passer de Dieu ; mais il n'a pu s'empêcher de lui faire donner une chiquenaude, pour mettre le monde en mouvement ; après cela, il n'a plus que faire de Dieu. »

N'avoir que faire de Dieu, c'est très exactement ne pas avoir la foi, qui ne passe ni par la science ni par la philosophie. Pascal le dit explicitement dans son « Mémorial » : « Dieu d'Abraham, Dieu d'Isaac, Dieu de Jacob, *non des philosophes et des savants.* » L'homme reste infiniment éloigné de comprendre les extrêmes – c'est un point capital. Il cherche « ceux qui, après avoir parcouru tout ce que les hommes peuvent savoir, trouvent qu'ils ne savent rien [...]. Mais c'est une ignorance savante, qui se connaît. »

La « nuit de feu » de Pascal consuma le mathématicien. Il sera désormais certain d'avoir rencontré Dieu « et abandonnera [...] ses recherches scientifiques comme si un *déplacement* définitif avait eu lieu dans les zones actives de son cerveau ou que la résonance de Dieu avait définitivement "calmé" ses synapses scientifiques ». (Cotta, p. 480)

La clef que nous donne Pascal est donc celle-ci : dompter l'infini mathématique est un acte de raison qui n'a rien à voir avec l'acte de foi que constitue l'adoration, l'approche *asymptotique* de Dieu. Et c'est pourquoi ce « fou de Dieu » resta sain d'esprit...

8

De Duns Scot à Bolzano

Revenons à Duns Scot. Il anticipa de nouveau sur les mathématiciens dans le livre II de l'*Ordinatio* en traitant de la question suivante : Dieu peut-il produire quelque chose *sans que cette production ait un commencement* ? Il semble que non : tout doit avoir un commencement, sinon l'infini qui a mené jusqu'à hier est équivalent à l'infini qui s'est écoulé jusqu'à aujourd'hui, qui le contient. Or c'est impossible puisque la partie est toujours plus petite que le tout (toujours cette « évidence » de l'axiome d'Euclide...).

Tout d'abord, Duns Scot répond que cette dernière assertion ne s'applique qu'aux grandeurs finies. (Il n'avait donc pas vu le rapport entre sa démonstration concernant les indivisibles et la notion d'infini.) L'infini, c'est autre chose... Il s'attache ensuite à démontrer que la création *ab aeterno sine principio* est possible. Il est inutile d'entrer dans les détails de son raisonnement (forcement *subtil* comme il sied au bon Docteur...) car c'est sa conclusion qui nous intéresse ici : « Il apparaît donc que les instants de ce jour – voire de cette heure – ont une *infinité égale* à celle des instants infinis de ces jours infinis. »

Cette fois-ci, il ne sera pas contredit par les mathématiciens, comme dans le cas de son raisonnement sur les cercles concentriques. Au contraire, sa conclusion sera confirmée par Bernard Bolzano (1781-1848) et Richard Dedekind (1831-1916).

Bolzano le fit dans son ouvrage *Paradoxien des Unendlichen* publié à titre posthume en 1851. Il y place en exergue la phrase pleine d'allant de Leibniz : « Je suis tellement pour l'infini *actuel* qu'au lieu d'admettre que la nature l'abhorre, comme l'on dit vulgairement, je tiens qu'elle l'affecte partout, pour mieux marquer la perfection de son Auteur. » Il y eut avant Bolzano quelques tentatives de fondation d'une science mathématique de l'infini, mais c'est lui qui a ouvert la voie en affrontant franchement le paradoxe de la réflexivité.

Dedekind fit de même : la *définition* d'un ensemble infini repose justement sur son « équivalence » avec une de ses parties propres. (On a vu plus haut que Pascal faisait de même dans la méconnue « Introduction » de ses *Éléments de géométrie*.)

En somme, ces révolutionnaires allemands aux allures de braves bourgeois retournèrent le paradoxe comme on retourne un gant…

On pourrait en conclure que Duns Scot n'avait pas eu la bonne intuition dans un cas, puis avait vu juste dans l'autre. Mais ce serait aller trop vite en besogne : l'histoire de l'infini des mathématiciens n'est pas un long fleuve tranquille et les débats firent rage entre eux (notamment entre Cantor et Kronecker) au point qu'il est difficile de dire *sans plus de formalités* que les uns avaient raison et les autres tort.

Dans la conception métaphysique de Scot, Dieu *est* sur le mode de l'infini, l'homme *est* sur le mode du fini. Cela rend impossible toute approche de Dieu auquel le concept d'infini est réservé. (Plus précisément, Scot dit que puisque l'homme ne peut connaître que par expérience sensible, la connaissance *essentielle* de Dieu est impossible ici-bas : on ne peut pas « faire l'expérience de Dieu »). La créature finie sera « quand même » en mesure de parvenir à la caractérisation la plus parfaite et la plus simple de Dieu, avec le concept d'infini, en sous-tendant tous ses attributs (infiniment bon, infiniment sage, etc.).

Scot ouvre une autre piste, qu'on pourrait qualifier de « linguistique » : Dieu a des attributs qu'il semble *partager* avec l'homme (l'intelligence, par exemple). C'est le même mot mais est-ce le même concept ? En tout cas, il ne peut être compris de la même façon chez l'homme, créature finie, et chez Dieu, être infini. Ibn Rochd (Averroès) avait également eu cette intuition « linguistique » dans son *Fasl al-Maqâl* : appliquer le même mot à ce qui est humain, donc fini et imparfait, et à Dieu, absolu, parfait et infini, est inévitable parce que le vocabulaire de l'homme est « pauvre » ; mais c'est une source d'erreur si on en déduit que ce même mot désigne un même concept. « Car ce n'est que par pure homonymie que le mot "science" s'applique à la science adventice et à la Science prééternelle. » (*Traité décisif*, p. 129)

9

Le seul infini de Descartes

J'ai en quelque façon premièrement en moi la notion de l'infini que du fini, c'est-à-dire de Dieu que de moi-même.

René DESCARTES,
Méditations métaphysiques, 1641

Pour Descartes, Dieu seul peut être qualifié d'infini. « Par [...] Dieu j'entends une substance infinie, éternelle, immuable, indépendante, toute connaissante, toute puissante, et par laquelle moi-même et toutes les autres choses qui sont [...] ont été créées et produites ». La notion d'infini réel ou en acte est strictement réservée à Dieu. « Il n'y a rien que je nomme proprement infini, sinon ce en quoi de toutes parts je ne rencontre point de limites, auquel sens Dieu seul est infini. »

Toutefois, l'homme est capable de concevoir l'infini – dans une certaine mesure. C'est précisément cette idée de l'infini que Descartes assimile à l'idée de Dieu en l'homme (« la notion de l'infini [...] c'est-à-dire de Dieu »). L'idée de l'infini que l'on retrouve dans la pensée de l'homme occupe une place importante dans la métaphysique de Descartes car elle constitue pour lui une *preuve* de l'existence de Dieu.

Cela dit, si l'homme est capable de penser l'infini, il ne peut le faire qu'avec ses capacités limitées. Il ne pourra jamais saisir cet infini dans sa totalité, dans sa perfection (« Dieu [...] dont notre esprit peut bien *avoir quelque idée* sans pourtant les comprendre toutes »). L'infini ne peut être compris par le fini. Dieu ne peut être entièrement compris par sa créature. Descartes prend donc une position intermédiaire dans ce débat.

Alors que l'infini se dit de Dieu, l'*indéfini* se dit du monde physique et des mathématiques. L'indéfini désigne *ce dont on ne peut prouver les bornes*. En somme, il traduit l'ignorance du sujet. Et cette ignorance peut être provisoire. Il n'est pas interdit de penser qu'elle pourrait se dissoudre, ou au moins se réduire, grâce aux progrès de la science.

Par ailleurs, Descartes affirme qu'il est faux de concevoir l'infini *en niant le fini*. Nous devons nous contenter d'expressions négatives mais elles ne disent rien en réalité car *l'infini ne se laisse pas enfermer dans le langage*. Et comment Dieu, infiniment parfait, pourrait-il être défini négativement ?

On peut alors comprendre que Descartes n'ait jamais basculé dans la folie. Ayant soigneusement délimité le champ mathématique, où on peut *tout au plus se frotter à l'indéfini, jamais à l'infini*... Cette distinction, si elle avait clairement été faite par certains mathématiciens des siècles suivants, aurait peut-être évité quelques cas de folie.

10

Leibniz, l'Un, le tout et l'infini

Or, voici ce qu'il nous faut, vois-tu, porter ensemble
Bribes et morceaux, comme s'ils étaient le tout.

RILKE, *Les Sonnets à Orphée*, I, XVI

Bravant l'interdiction aristotélicienne, Leibniz se saisit résolument de l'infini *en acte*. Pour lui, il est la *condition de possibilité* de toute opération d'addition et de division : sa réalité est toujours déjà présupposée. Mais quel est le rapport entre cet infini en acte et Dieu ? Pour Leibniz (et en cela, il est cartésien), seuls Dieu et ses attributs peuvent *véritablement* être dits infinis.

Qu'en est-il alors de l'Univers ? Est-il infini ? Il a quelque chose à voir avec l'infini, mais *en un tout autre sens* que celui d'Aristote ou de Descartes. Ce n'est pas une réalité unique et simple, une totalité infinie, c'est plutôt un « amas d'un nombre infini de substances ». Le monde créé, de par l'infinité des substances et la division infinie de la matière, ne peut être unifié.

La division de la matière est à comprendre non seulement comme une première division à l'infini, mais également selon une multitude de divisions où chaque partie actuellement divisée est elle-même divisée à l'infini, et ainsi à l'infini. La divisibilité des corps à l'infini doit être représentée non pas comme un nombre infini de grains de sable, mais comme les plis infinis d'une feuille de papier, où l'on ne peut atteindre le pli ultime. (Nous reprendrons cette image pour évoquer la « puissance du continu ».)

Donc le monde ne peut pas être unifié. Il n'est pas « un ».

> Quelques siècles plus tard, Cantor prouvera que l'« ensemble des ensembles » n'existe pas*… Quand on examine sa définition d'un ensemble – « J'entends par ensemble toute multiplicité qui puisse être considérée comme une unité » –, on ne peut s'empêcher de penser que l'étonnant théorème de Cantor avait déjà été énoncé par Leibniz, même si dans un cas (Cantor), il s'agissait d'une impossibilité *logique*, et dans l'autre, d'une conséquence de la notion même d'infini.

Le monde n'est pas « un », on ne peut lui assigner de limite. C'est en ce sens, éminemment philosophique, que *l'infini actuel existe*. Mais puisqu'il ne s'agit pas d'une totalité, il n'est pas infini au sens où Dieu l'est (Dieu est à la fois *un et infini*). C'est seulement en Dieu que la compréhension parfaite de l'infini est possible.

La phrase de Leibniz citée plus haut et qui avait tant frappé Bolzano nous apparaît plus clairement : « Je suis tellement pour l'infini *actuel* qu'au lieu d'admettre que la nature l'abhorre, comme l'on dit vulgairement, je tiens qu'elle l'affecte partout, pour mieux marquer la perfection de son Auteur. »

*Il y a quelques années, Markus Gabriel, jeune auteur allemand, fut tellement fasciné par cette « découverte » des mathématiciens (qui se trouvait donc déjà en germe chez

Leibniz) qu'il en tira toute une philosophie (le « nouveau réalisme »)… Sa thèse ? Le monde n'existe pas. *C'est même la seule chose qui n'existe pas.*

Pour Gabriel, une chose (un objet, un fait…) n'existe que si elle apparaît dans un « champ de sens ». Ainsi, *l'univers* apparaît dans le champ de sens de la physique et il *n'est que* cette vision scientifique obéissant à des lois. *L'univers existe, mais il n'est pas le monde.* Pour que le monde existe, il faudrait qu'il fût « le domaine d'objets de tous les domaines d'objets », ou « le champ de sens dans lequel apparaissent tous les champs de sens », l'ensemble des ensembles, en somme. Mais les mathématiciens ont démontré qu'il n'existait pas. À peine l'idée d'un « tout » qui serait le monde naît-elle qu'elle engendre de nouveaux champs, de nouveaux domaines, et le tout n'est donc pas le tout.

Et Gabriel de conclure qu'il ne peut y avoir qu'une image erronée, incomplète, du monde : elle n'existe que dans notre conscience. Ce que nous appelons « le monde » n'est donc qu'une idée que chacun se fait d'un tout… *qui n'existe pas*.

11

Une antinomie

On peut nommer « antinomie cosmologique du fini et de l'infini » la première des quatre antinomies exposées dans la *Critique de la raison pure*. Si on l'étudie soigneusement, on remarque quelque chose de curieux. Kant se sert de cette antinomie pour « brider » les ambitions de la raison pure, pour lui assigner un domaine dont il lui interdit de sortir – mais une autre lecture de cette même antinomie est possible. On peut exposer l'antinomie comme suit :

Thèse : « Le monde a un commencement dans le temps et des bornes (des limites) dans l'espace. » En effet, s'il n'y avait pas de commencement, la série des êtres et des phénomènes serait à la fois *infinie* et *réalisée*. (Où l'on retrouve l'infini en acte d'Aristote…) Le passé contiendrait un nombre infini d'êtres et de phénomènes auquel chaque instant en ajouterait d'autres. Or il est contradictoire de nommer infini ce qui augmente, ou peut augmenter.

Un raisonnement analogue « prouve » l'existence de bornes dans l'espace.

Antithèse : « Le monde n'a pas de commencement dans le temps ni de bornes dans l'espace. » En effet, si ce n'était pas le cas, le monde s'« envelopperait » d'un temps vide et d'un espace vide. Mais un temps vide ne renferme aucune cause, aucune condition, aucune possibilité de commencement : rien n'aurait jamais pu commencer. D'autre part, un espace vide n'est *rien*. Dire que le monde est limité par rien, c'est dire tout ensemble que le monde est limité et qu'il n'est pas limité. L'antithèse est donc prouvée par l'absurde.

La raison pure est capable de « prouver » la thèse et l'antithèse. Kant en conclut que nous ne pouvons nous fier à notre raison lorsqu'elle prétend passer du domaine *idéal* (où elle est souveraine) au domaine du *réel*, qu'elle ne peut pénétrer – ou, pour utiliser la terminologie kantienne, la raison pure ne peut passer de la connaissance des « phénomènes » à celle des « noumènes ».

Cependant, il nous semble qu'il est également possible de tirer une autre conclusion de cette antinomie : chaque fois que l'homme essaie de « raisonner » sur l'infini, il se fourvoie, il bute toujours sur des contradictions.

> Voici un casse-tête classique : Dieu est-il capable de créer une pierre que lui-même ne pourrait soulever ? (Il y a, bien entendu, plusieurs formulations différentes de ce paradoxe.) Quand on me le présenta, à l'adolescence, cette question m'obséda pendant une bonne semaine, puis je décidai de m'en occuper plus tard, lorsque j'aurais acquis une solide culture philosophique. Il me semble aujourd'hui que, formellement, ce paradoxe est équivalent à l'antinomie kantienne : il contient quelque part la notion d'infini, ce qui ruine d'avance toute conclusion. Puisque Dieu est *infiniment* puissant, il peut créer une telle pierre. Mais puisqu'il ne pourrait pas la soulever, il n'est pas infiniment puissant, ce qui dynamite la prémisse et rend tout le raisonnement absurde.

On est tenté de revenir à la sage conclusion de Galilée : il n'y a rien à tirer de l'infini… Cette conclusion peut convenir aussi bien aux croyants qu'aux agnostiques ou aux athées. Pour les premiers, c'est parce qu'il y a une différence *ontologique* entre l'être infini de Dieu et l'être de l'homme (Dieu *n'est pas* une sorte d'homme infiniment grand) que ce dernier ne peut concevoir l'infini. Pour les autres, l'infini en acte est inconcevable pour la bonne raison qu'il *ne peut pas exister* : ce serait absurde, contraire à la logique (Aristote).

Voilà au moins un point qui ne conduira personne au bûcher.

12

La vérité divisée par la beauté

Les mathématiciens d'aujourd'hui n'ont plus à se colleter avec l'infini, et cela même dans la discipline qui a été spécifiquement créée pour le manipuler : l'analyse, qui doit son nom à l'ouvrage de Leonhard Euler intitulé *Introductio in analysin infinitorum* et publié en 1748.

Euler n'hésitait pas à parler de l'infini, mais l'analyse moderne ne le fait pas : toute proposition contenant ce mot peut être reformulée autrement, c'est-à-dire sans le mot « infini », en utilisant le concept de *limite.* Si ce n'est pas possible, alors la proposition doit être rejetée.

À ceux qui lui demandent, par exemple : « L'infini divisé par l'infini, ça donne quoi ? », le mathématicien répond que ces mots n'ont aucun sens.

S'ils insistent, il réplique : « Eh bien, disons que ça donne la même chose que "la vérité divisée par la beauté". On ne peut diviser que des nombres. Vérité, beauté, infini, ce ne sont pas là des nombres. » (Derbyshire, p. 16)

13

Le cercle et l'infini

Kant remarque que l'infini n'est jamais donné dans l'intuition, c'est-à-dire par les sens (on ne le voit pas, on ne le sent pas...). Il est donc forgé par l'esprit en tant qu'*idée transcendantale*. C'est une fiction utile. Elle est nécessaire à la pensée, elle peut aider au développement de la connaissance, mais elle n'a aucune réalité ontologique. (Ce sera la position de Gauss puis celle de Hilbert : l'infini ne serait qu'une « façon de parler » mais qui peut être utile...)

Selon Hegel, Kant fait ici une erreur : il ne conçoit qu'un infini *quantitatif*, qu'on pourrait représenter par l'image traditionnelle d'une droite qui ne se termine jamais ou par celle d'une suite infinie de nombres naturels : 1, 2, 3, 4, etc., et c'est pour cela qu'il doute de son existence, de même qu'Aristote refusait l'infini en acte.

Hegel imagine un autre infini, qu'on pourrait qualifier de *qualitatif*. Ce n'est pas une idée qui se forme dans l'esprit humain lorsqu'il prolonge indéfiniment, par l'imagination, une droite ou l'énumération des entiers, c'est une saisie entière, immédiate, d'une relation nécessairement dynamique puisque l'infini est en perpétuel déploiement. Ce n'est donc pas la droite infinie ou la suite illimitée des entiers qui le représente de la façon la plus adéquate, c'est plutôt le cercle – Hegel est ici en bonne compagnie puisque beaucoup de mathématiciens « voient » une courbe comme un point en mouvement. *Le cercle, l'esprit le saisit d'un seul coup* (ce qui n'est pas le cas de la droite infinie ni de la suite des entiers) *mais il doit le saisir dans son mouvement* (il doit constamment suivre des yeux un point imaginaire qui se déplacerait sur le cercle) *pour en saisir la réalité profonde* – cette dialectique entre le fini (le cercle) et l'infini (le parcours sans fin).

Goethe songeait peut-être à cette image quand il écrivit cette phrase en forme de programme : « Si tu veux contempler l'infini, contente-toi de parcourir le fini dans tous les sens. »

14

Dieu, l'infini absolu et le Paradis de Cantor

Aujourd'hui, les démonstrations de Cantor sont unanimement considérées comme faisant partie des plus brillantes et des plus belles de l'histoire des mathématiques.

Martin GARDNER

C'est à l'illustre David Hilbert (1862-1943), l'un des plus grands mathématiciens du XXe siècle, que nous devons cette phrase aussi belle qu'énigmatique : « Nul ne doit nous exclure du Paradis que Cantor a créé. » Notons d'abord l'utilisation, voulue ou inconsciente, d'un vocabulaire religieux pour traiter d'une question mathématique. Et l'assimilation de Cantor à un *creator* est pour le moins risquée. De quoi s'agissait-il ?

Nous avons vu plus haut que Bolzano fut l'un des premiers à ne plus voir de paradoxe là où Duns Scot, entre autres, en voyait un. (Disons plutôt que Bolzano fut l'un des premiers *en Europe* à le faire : Thabit ibn Qurra' al-Harrani (836–901), le *Thebit* des Latins, l'avait remarqué mille ans plus tôt, à Bagdad.) Dans le texte posthume déjà signalé (*Paradoxien des Unendlichen*) paru en 1851, il observe (p. 29) qu'il y a autant d'éléments dans l'intervalle réel [0, 5] que dans l'intervalle [0, 12]. Une partie propre d'un ensemble infini peut être aussi grande que le tout, contrairement à ce qu'affirmait l'axiome d'Euclide.

Ce fut Richard Dedekind qui proposa, vers 1888, de se servir de cette étrange propriété pour en faire la *définition* même de l'infini. Pour Dedekind, un ensemble infini est reconnu comme tel, par son « équivalence » avec une de ses parties propres. C'était un bond conceptuel audacieux : une « impossibilité » devenait une raison d'être…

Georg Cantor alla plus loin. Né en 1845 à Saint-Pétersbourg, d'une mère russe et d'un père allemand, le créateur (!) de la théorie des ensembles (qu'on pourrait tout aussi bien nommer « théorie de l'infini ») n'hésita pas à manier sans retenue la notion d'infini, au grand effroi (ou à l'indignation) de certains de ses pairs, et non des moindres. Des querelles de mathématiciens, l'histoire en a connu beaucoup, à commencer par celles, fameuses, qui opposèrent Newton et Leibniz à propos du calcul infinitésimal ou Pascal et Descartes à propos du vide, mais celle que déclenchèrent les travaux de Cantor s'apparenta à une guerre de religion puisqu'il s'agissait de *croire* ou non en la possibilité de manier l'infini mathématique.

C'est par une note de quatre pages, publiée en 1874 dans le *Journal für die reine und angewandte Mathematik* que Georg Cantor, alors âgé de vingt-neuf ans, entra dans l'histoire. (Le terme n'est pas excessif puisque toute la théorie des ensembles et, par conséquent, une bonne partie des mathématiques du XXe siècle découlent de cet article fondateur, qui a également une portée philosophique indéniable). Le jeune professeur de l'université de Halle y prouvait élégamment (très important, l'élégance…) la « dénombrabilité » de l'ensemble des nombres algébriques et la non-dénombrabilité de l'ensemble des nombres réels.

Ce court article était révolutionnaire car, pour la première fois, l'infini n'était plus considéré comme une limite inatteignable mais comme un objet d'investigation. En démontrant l'existence d'au moins deux sortes d'infinis (c'est-à-dire l'existence d'infinis ayant un cardinal différent), Cantor montrait par là même qu'on pouvait étendre le champ de la démonstration à la catégorie de l'infini – en d'autres termes, qu'on pouvait *soumettre l'infini au raisonnement, à la raison humaine*. Il y avait là une sorte d'*hubris* qui n'allait pas rester impunie.

Plus tard, au terme de ses recherches, Cantor allait affirmer l'existence d'une infinité d'infinis, chose difficile à concevoir. Lui-même avait parfois du mal à admettre les résultats de ses propres investigations, d'où ce passage célèbre d'une de ses lettres, adressée à Dedekind – « Je le vois mais je ne peux pas le croire » (en français dans le texte) – qui fait de lui une sorte de Thomas l'apôtre à l'envers…

> Dans cette lettre datée du 29 juin 1877, Cantor priait Dedekind de lui confirmer que ses yeux et sa raison ne le trompaient pas. Il venait de démontrer qu'il y avait « autant » de points sur un segment de longueur 1 que dans un carré de côté 1 – alors que le carré contient strictement le segment ! C'est un cas classique et toujours troublant de « réflexivité »…

Il faut dire qu'on est là aux limites extrêmes de ce que peut concevoir l'esprit humain. On peut encore comprendre le « dénombrable » : un ensemble dénombrable, comme son nom l'indique, est tel que ses éléments peuvent être numérotés à l'aide des entiers naturels. On peut énumérer, fût-ce indéfiniment, les éléments d'un tel ensemble. Cantor montra par exemple comment numéroter l'ensemble **Q** des nombres *rationnels*, c'est-à-dire qui peuvent s'écrire comme une fraction de deux entiers. **Q** est donc « dénombrable ». Mais…

15

R, ou la limite de l'infini « concevable »

Le nombre de pages de ce livre est exactement infini. Aucune n'est la première, aucune n'est la dernière.

Jorge Luis BORGES, *Le livre de sable*

Mais qu'en est-il de l'ensemble **R** des nombres réels, qui contient **Q** mais aussi tous les nombres *irrationnels*, c'est-à-dire qui ne peuvent pas s'écrire sous forme de fraction de deux entiers ? (Ce sont les « inexprimables » ou « incommensurables » des anciens Grecs.)

Cantor prouva dans sa note de 1874 qu'il est *impossible* de numéroter les éléments de **R** (on ne peut pas les « compter »). Cet ensemble est infini comme **N** (les entiers naturels) ou **Q** (les nombres rationnels), mais il est « encore plus » infini, si l'on ose dire, il contient « plus » d'éléments que **N** et **Q**. Contrairement à ce qu'avaient conclu Grégoire de Rimini et Galilée quelques siècles plus tôt, on peut bel et bien dire d'un infini qu'il est « plus grand » qu'un autre !

Intuitivement, on peut effectivement comprendre qu'il y a une différence *qualitative* (et non plus quantitative) entre une suite infinie de galets formant une ligne sur une plage (c'est le « dénombrable ») et une ligne passant par tous ces galets mais contenant également tous les grains de sable joignant les galets – avec cette précision supplémentaire que ces grains de sable sont infiniment petits, que chacun est infiniment proche de son voisin et (voici un paradoxe vertigineux...) *que, entre chaque grain et son voisin* (si cette notion a encore un sens...), *il y a toujours au moins un autre grain* (en fait, il y en a une infinité...). Plus vertigineux encore ? Voici : entre chacun de ces grains surgit... un galet ! (« **Q** est dense dans **R** »). D'où sort-il ? On est vraiment à la limite de ce que l'esprit humain peut concevoir.

Si on prend un microscope, quelle que soit sa puissance de résolution, on ne verra jamais aucun « trou » dans cette ligne, elle est donc *continue* à n'importe quelle échelle et c'est très logiquement que Cantor déclara que ce type d'infini avait la « puissance du continu ».

En écrivant ceci, je me rends compte qu'une autre image pourrait être tirée de deux nouvelles de Borges. Le poète argentin imagina, dans une note en bas de page de *La bibliothèque de Babel*, un livre « objet impossible », tel qu'entre deux pages, il y en ait une infinité d'autres. Il poussera plus loin cette idée dans sa nouvelle *El libro de arena* (« Le livre de sable », 1975). Le narrateur fait l'acquisition d'un livre qui lui est présenté comme étant un livre sacré. Sa particularité est que le nombre de ses pages est infini. Aucune n'est la première, aucune n'est la dernière. La divisibilité des corps à l'infini peut être également représentée par les plis infinis d'une feuille de papier, où l'on ne peut atteindre le pli ultime. (Notons toutefois que cette image « poétique » ne distingue pas entre l'infini dénombrable et celui qui a la puissance du continu. Peut-être est-il impossible, même au plus « mathématicien » des poètes – un Valéry par exemple – de distinguer par des mots, par des images, entre les deux ?).

Galilée avait lui aussi compris que l'infini était lié au continu et que, de ce fait, il n'était pas « compréhensible » par la nature seule. Tout le développement qui suit confirme cette intuition de l'illustre Pisan. Le continu de Cantor n'est effectivement pas compréhensible par la nature seule, en dépit des « images » que nous nous efforçons d'en donner.

Qu'aurait dit Duns Scot, dont on a vu plus haut qu'il avait rejeté, plusieurs siècles avant Cantor, la thèse selon laquelle le continu serait formé d'indivisibles ? Sans doute aurait-il rejetée comme diabolique la réponse de Cantor. *Vade retro*... En effet, l'infini non dénombrable est « continu » et formé de points parfaitement identifiés (les nombres réels) mais peut-on dire pour autant qu'il s'agit d'indivisibles ?

Oui et non.

Oui, parce que chacun représente un point et un seul sur la droite des réels.

Non, puisqu'on peut s'approcher infiniment près du « centre » de ce point (dans chaque voisinage, fût-il infiniment petit, on trouvera toujours d'autres points), ce qui est impossible pour un indivisible physique, un atome au sens de Démocrite. (On voit de nouveau, sur ce détail, que l'infini mathématique, l'infiniment petit dans ce cas, *n'est pas* l'infini physique.)

Oui et non, c'en serait assez pour Duns Scot pour qu'il s'enfuie horrifié en marmonnant l'injonction biblique : « Que votre parole soit oui, oui, non, non ; ce qu'on y ajoute vient du Diable » (Matthieu, 5, 37). On peut d'ailleurs se demander comment il a été possible de définir rigoureusement les réels, puisqu'ils semblent être aussi furtifs qu'un neutrino ? Ce n'est pas le Diable qui s'en chargea mais le très subtil Richard Dedekind. Ce dernier partit d'une constatation : on manie la continuité en mathématiques sans l'avoir définie précisément. Il se proposa donc de « cerner l'essence de la continuité de manière "scientifique", c'est-à-dire en termes arithmétiques. Il le fit à l'aide des "coupures de Dedekind" qui permettent de construire l'ensemble des nombres réels sans recours à l'intuition géométrique. [Celle-ci] est disqualifiée en tant que *fondement* scientifique de notions arithmétiques. » (H. Benis Sinaceur) On voit donc que les chemins de la pensée physique, disons aristotélicienne, et de la pensée purement mathématique se séparent ici.

Désormais, il y aura toujours ce soupçon lancinant : tel objet existe sans doute d'un point de vue mathématique, mais quel rapport a-t-il avec le monde qui nous entoure, le monde physique ? Tel théorème est démontré mais cette vérité-là est-elle de ce monde ? Le livre de sable de Borgès est un « objet impossible » – et toutes les mathématiques reposeraient sur cette impossibilité ?

On pourrait dire, en paraphrasant Kafka (« Dans le combat que te livre le monde, prends résolument le parti du monde »), que David Hilbert prit résolument le parti des mathématiques contre le monde : que les infinis actuels existent ou non, que l'hypothèse du continu ait un sens ou non, peu importe. L'important, c'est que leur utilisation ne débouche jamais sur la démonstration d'un énoncé qui « aurait du sens » (du point de vue « du monde ») mais serait faux.

16

π, la Bible, le dénombrable et le continu

Le plus long des serpents s'arrête après vingt mètres
Tout comme, un peu plus loin, les serpents de légende
Le cortège des chiffres qui forment pi
Ne s'arrête pas au bord de la feuille de papier
Il continue sur la table, dans les airs,
Perçant le mur, la feuille, le nid, les nuages et le ciel...

Wislawa SZYMBORSKA

Oui, décidément, cette vérité-là est-elle de ce monde ? Pour illustrer immédiatement ce soupçon, voici une propriété proprement stupéfiante de l'infini non dénombrable : parce qu'il contient des nombres irrationnels (qui ne peuvent pas s'écrire sous la forme d'une fraction et dont le développement décimal n'est donc *pas* périodique), il implique l'existence de *nombres-univers* : ce sont des réels dans lesquels on peut trouver n'importe quelle succession de chiffres de longueur finie.

Ainsi, si l'on code un livre (par exemple *Hamlet* ou même l'ouvrage que vous tenez en ce moment entre vos mains) selon une suite de chiffres (ce qui très facile), on le trouvera « quelque part » dans un nombre univers. En fait, une fois un code établi (a = 1, b = 2, etc., par exemple), on trouvera dans n'importe quel nombre-univers, par exemple π, tous les livres déjà écrits et à venir.

En d'autres termes, *π contient de toute éternité la Bible et le Coran*. Il les contenait avant même l'apparition des prophètes de l'Ancien Testament, des évangélistes ou du prophète Mahomet. Gageons que ce *fait* (qui est *démontré*) ne manquerait pas de déclencher de sérieuses controverses théologiques si l'on en avisait certaines personnes – et si elles pouvaient comprendre de quoi il retourne...

Pour les pythagoriciens, les nombres rationnels pouvaient décrire toute la géométrie du monde. De quel *au-delà du monde* nous parlent les irrationnels ?

Après avoir *prouvé* l'existence des nombres-univers, Émile Borel conclut en soulignant « combien est difficilement concevable pour nous ce qu'est la puissance du continu [...]. On comprend mieux ainsi combien sont admirables les théories mathématiques qui permettent de raisonner avec rigueur sur des êtres abstraits que nous ne sommes pas capables de concevoir réellement ». (Borel, p. 110)

> Valéry exprime la même idée ainsi : « Honneur aux mathématiques ! Que de choses l'on n'eût pas vues dans les choses [sans elles] ! »

Revenons à Cantor. Jusqu'ici, nous l'avons dit, on peut *concevoir* ces deux types d'infini, la meilleure preuve en étant que nous avons été capables d'en former une image familière (une plage, des galets, des grains de sable...), même si l'idée de grains infiniment petits et celle de « densité » (entre deux grains, il y en aura toujours au moins un) ne sont pas vraiment « évidentes ». Mais c'est la suite qui donna le plus de fil à retordre à Cantor et surtout à ceux qui essayaient de suivre ses travaux.

Tout d'abord, y a-t-il entre le « dénombrable » et le « continu », un autre type d'infini ?

Après avoir échoué à toutes ses tentatives de trouver un tel infini « intermédiaire » (les rationnels sont dénombrables, les irrationnels et les transcendants ont la puissance du continu, etc.), Cantor formula en 1877 l'« hypothèse du continu » : il n'existe pas d'ensemble dont le cardinal se situe entre celui des entiers et celui des nombres réels. Cette hypothèse devint une pièce maîtresse de la théorie des ensembles, surtout pour des raisons d'élégance – on sait à quel point cela compte pour les « géomètres »...

Lors du deuxième Congrès international des mathématiciens, tenu à Paris en août 1900, David Hilbert présenta une liste de problèmes qui, selon lui, étaient les plus pressants, les plus importants, et dont la résolution devait assurer le développement des mathématiques au XXe siècle. Un programme pour le siècle, en somme... Publiée après la tenue du congrès, la liste définitive comprenait vingt-trois problèmes (dit « de Hilbert »). Le premier d'entre eux était ainsi formulé : « Tout sous-ensemble infini des réels peut être mis en bijection avec l'ensemble des entiers naturels [**N**] ou avec l'ensemble des réels lui-même [**R**]. » C'était l'hypothèse du continu de Cantor. On peut comprendre cette prééminence accordée au professeur de Halle quand on sait que Hilbert a décrit l'arithmétique transfinie de Cantor comme « le produit le plus étonnant de la pensée mathématique et l'une des plus belles réalisations de l'activité humaine dans le domaine de l'intelligence pure ».

Cantor passa le reste de sa vie à essayer de résoudre ce qui était devenu le premier des vingt-trois problèmes de Hilbert. En vain. Certains avancent que ce fut là l'une des causes de la détérioration de sa santé mentale.

17

Le Paradis perdu de Cantor

La théorie des ensembles est une maladie dont les générations futures se remettront.

Henri POINCARÉ

Quelques décennies après la mort de Cantor, le problème qui l'avait obsédé (« l'hypothèse du continu ») reçut une solution stupéfiante, qui repoussa encore les limites de la réflexion mathématique et philosophique. En effet, son « hypothèse du continu » fut déclarée « indécidable » par Kurt Gödel en 1938 et Paul Cohen en 1963.

Le théorème de Gödel énonce que « la *négation* de l'hypothèse du continu n'est pas la conséquence des axiomes du système Zermelo-Fraenkel (sauf si ceux-ci sont contradictoires) ». Selon le théorème de Cohen, l'hypothèse du continu n'est pas conséquence des axiomes du système ZF.

D'une façon plus générale, le premier théorème de Gödel (celui de 1931) contient le résultat suivant, « le plus extraordinaire et le plus mystérieux de toutes les mathématiques » : un système d'arithmétique cohérent et non contradictoire contient toujours des propositions « indécidables », c'est-à-dire des énoncés dont on ne peut jamais dire par le simple raisonnement logique s'ils sont vrais ou faux. (On pourrait en déduire que le pouvoir du raisonnement logique, donc de la pensée rationnelle, n'est pas illimité. Et pourquoi le serait-il ? demandera le croyant. Est-il Dieu ?)

Ce premier théorème de Gödel n'a cessé depuis de faire couler beaucoup d'encre. Une lecture « philosophique » de cet étonnant résultat (lecture qui a le don d'irriter beaucoup de logiciens...) procède ainsi : « Nous devons faire appel à d'autres sources de connaissance. Je pense que la spiritualité a un rôle à jouer. Elle donne une vue sur le réel que la science est incapable de donner, parce qu'elle est incomplète, dans le sens du théorème de Gödel. » (Trinh Xuan Than, p. 66)

Étrange... Dans le cadre de la théorie des ensembles (plus précisément : dans sa formulation Zermelo-Fraenkel), on ne peut ni prouver que l'hypothèse du continu est vraie... ni prouver qu'elle est fausse ! Il y aurait donc, dans le Paradis de Cantor, un arbre de la connaissance dont les fruits sont interdits aux hommes...

Notons toutefois que certains mathématiciens contestent cette lecture. Pour eux, il est abusif de dire que les théorèmes de Gödel et de Cohen signifient que l'hypothèse du continu restera à jamais une question sans réponse, hors de portée de la raison humaine. On verra...

Il faut dire que le caractère indécidable de l'hypothèse du continu est profondément troublant et pose un problème de logique. En effet, si nous considérons les nombres entiers, ils sont en quelque sorte complètement détachés de nous, de l'homme. Leur ensemble, **N**, n'est pas arbitraire, ce n'est pas nous qui décidons si un nombre est pair ou impair, premier ou composé, etc. Alors *pourquoi* le monde des nombres réels serait-il, lui, « arbitraire » ? Pourquoi l'homme pourrait-il affirmer une chose ou son contraire à son propos ? La seule réponse « logique » qui vient à l'esprit est que l'un (**N**) existe vraiment et que l'autre est entièrement notre invention – ce qui justifie « encore plus », si l'on ose dire, la fameuse phrase de Kronecker sur laquelle nous reviendrons souvent : « Dieu a créé les nombres entiers, le reste est l'œuvre de l'homme »...

> Lorsque Ferdinand von Lindemann démontra en 1882 la transcendance du nombre π, Kronecker le félicita – la démonstration était élégante – mais il ajouta froidement que cela ne changeait rien au fait que les nombres transcendants (donc π en particulier) n'existaient pas...

On a pu écrire que ces résultats « ont nécessité un changement de point de vue complet sur la théorie des ensembles, analogue en bien des points à la révolution copernicienne ou à la découverte des géométries non euclidiennes puisqu'il s'agissait de passer de la vision d'un monde des ensembles unique à celle d'une multiplicité de mondes possibles ». (Dehornoy, p. 42)

Ces résultats peuvent aussi être vus comme l'échec de l'ambition prométhéenne (ou faustienne) de Hilbert. Les théorèmes d'incomplétude de Gödel prouvent qu'aucune théorie formelle ne peut décrire complètement le plus simple des infinis : **N**, l'ensemble des entiers naturels. Or c'est bien avec les entiers naturels qu'avait commencé la quête de la connaissance ultime, avec les pythagoriciens. Si même **N** ne peut être entièrement conquis...

Revenons à la question des deux infinis de Cantor (qui ne sont pas ceux de Pascal, les simples « infiniment petit » et « infiniment grand »). Nous disions que « le dénombrable » est concevable par l'esprit humain. « Le continu » l'est peut-être encore puisque nous pouvons nous en faire une image mentale.

Mais Cantor ne s'arrêta pas là.

18

Au-delà de l'infini !

Cantor imagina un « au-delà de l'infini », un *transfini.*

Un entier naturel (1, 2, 17, 3000, etc.) peut être utilisé de deux façons, soit pour décrire la *taille* d'un ensemble fini (c'est alors son *cardinal*), soit pour désigner la *position* d'un élément dans une suite (c'est un *ordinal*).

Le coup de force conceptuel de Cantor fut d'étendre ces deux notions aux ensembles infinis – ce qui fit bondir bon nombre de mathématiciens à l'époque et qui suscite encore aujourd'hui l'incrédulité des étudiants lorsqu'on leur expose pour la première fois les idées de Cantor… Pour bien montrer qu'il s'agissait de quelque chose de radicalement nouveau, il les baptisa d'un nom nouveau : ces « cardinaux » et « ordinaux » d'un nouveau type seraient dits *transfinis*.

> *On se gardera bien de pénétrer dans l'œuvre des buveurs d'infini, dont un des premiers et sans conteste le plus grand fut Georg Cantor. C'est en effet un temple où il ne faut entrer qu'à pas lents et où les grandes affirmations sont bannies comme vides de sens.* (Omnès, p. 112)

L'idée – folle, absurde, géniale, on ne sait trop comment la qualifier – est de prolonger la suite des nombres entiers, c'est-à-dire de compter jusqu'au bout (!) les entiers 0, 1, 2, 3... Le plus petit « nombre » qui viendrait *ensuite* (si ce mot a un sens...), c'est-à-dire le plus petit nombre *transfini* plus grand que tous les entiers, serait noté ω (et serait ipso facto le cardinal de **N**, c'est-à-dire *le* « nombre » – infini, forcément infini – d'éléments de **N**).

Le vieux dogme de la scolastique (*infinitum actu non datur* – « l'infini actuel n'existe pas »), venue en droite ligne d'Aristote, venait de tomber... Cantor, qui fut traité de « malade mental », de « charlatan de la science » et de « corrupteur de la jeunesse » (comme Socrate !) par certains de ses collègues, assura qu'il n'avait commis cette transgression que contraint et forcé – par l'enchaînement logique de ses réflexions : « C'est au bout de nombreuses années d'efforts et de recherches scientifiques que je me suis senti poussé logiquement, presque malgré moi, [...] à envisager l'infiniment grand [...], mais aussi à l'établir de façon mathématique, au moyen de nombre. » (Pineiro, p. 57)

Le « nombre » ω ne représente ni un objet ni aucun phénomène physique (il n'a aucun corrélat dans le monde qui nous entoure), mais pour autant il *existe* dans un sens très précis : dans la mesure où il ne conduit à aucune contradiction logique. La cohérence logique de la théorie des ensembles, avec ses transfinis du genre ω, est le seul critère de vérité, donc d'*existence.*

Il faut noter que le symbole bien connu ∞, introduit par l'Anglais John Wallis en 1655, représente un infini *en puissance*, non en acte. C'est pourquoi Cantor dut utiliser un autre symbole, ω, pour représenter le « cardinal » (le nombre d'éléments) d'une collection infinie *en acte.*

Ensuite, il doit exister un plus petit nombre transfini plus grand que ω, et Cantor l'appelle $\omega + 1$. Viennent ensuite $\omega + 2$, $\omega + 3$, etc. Que se passe-t-il quand on arrive au bout de la série infinie des $\omega + n$? Eh bien, on a ω + ω, ou encore ω2. Il n'y a aucune raison de s'arrêter là : il y aura ω3, ω4, puis ωω, puis ωω2, ωωω... jusqu'à l'infini (si ce mot, dans ces conditions, a encore un sens). Quand les bornes sont franchies...

Cantor posa deux principes de génération des ordinaux : 1) tout ordinal a un successeur ; 2) quelle que soit une suite d'ordinaux, il y en a toujours un immédiatement après ceux-ci.

Nouveau démiurge, Cantor non seulement « inventa » (au sens où l'on « fait l'inventaire » d'un territoire ou d'un gisement minier) un nouveau ciel fait d'une infinité d'infinis, mais il le cartographia et l'ordonna à l'aide de ses nombres transfinis : dans ce monde enchanté – mais peut-être est-ce le Diable qui l'habite... –, tous les infinis peuvent donc être précisés par des nombres déterminés, bien définis et qu'on peut distinguer les uns des autres.

> À ceux qui lui objectaient que ces ordinaux *n'existaient pas*, Cantor répondait (comme nous l'avons vu plus haut) que tout objet défini par un mathématicien existe par la seule vertu de ladite définition, du moment que cette définition n'entraîne aucune contradiction logique dans l'édifice conceptuel dans lequel elle s'inscrit.

En fait, ce que montra Cantor, c'est que si on brise le tabou, si on franchit la barrière psychologique qui empêche de penser l'infini, alors on peut développer une « arithmétique des nombres transfinis » qui ressemble beaucoup à celle des nombres entiers.

Et ce n'est pas un jeu gratuit : on peut s'en servir pour démontrer des théorèmes qui jusque-là résistaient aux assauts des mathématiciens. Ainsi Reuben Goodstein a-t-il démontré en 1942, à l'aide des ordinaux transfinis, un théorème d'arithmétique dont Kirby et Paris ont démontré en 1981 qu'il ne pouvait pas être démontré en restant dans le cadre de l'arithmétique usuelle.

En d'autres termes, il faut « sortir » de l'arithmétique usuelle et passer par les méthodes « insensées » de Cantor pour prouver un résultat *qui n'a strictement rien à voir avec l'infini*. La vérité du monde aristotélicien fini, familier, rassurant, s'obtient donc parfois au prix d'une excursion dans les sentiers interdits... Autrement dit, il faut passer un pacte avec le Diable – Faust n'est pas loin – pour comprendre ce *cosmos* en apparence *divinement ordonné* qui est le nôtre... L'interdit jeté par Aristote et par l'Église sur la manipulation de l'infini n'était plus qu'un lointain souvenir...

En somme, Cantor généralisa sa découverte des « deux infinis » faite en 1874, en imaginant une infinité d'infinis, chacun caractérisé par son cardinal transfini (il y a une infinité d'infinis de cardinaux différents parce que les cardinaux de **N**, de l'ensemble des parties de **N** [noté P(**N**)], de P(P(**N**)), etc., sont deux à deux distincts). L'échelle des infinis est elle-même infinie... Le premier nombre *ordinal* transfini est noté ω, la dernière lettre de l'alphabet grec, ce qui a un certain sens... sauf qu'il est difficile de concevoir le *dernier* entier naturel ! (En effet, ω correspond à **N**, l'ensemble des nombres entiers naturels.) Quant aux *cardinaux* transfinis (ou *puissances*), le plus petit noté ℵ0 est, de nouveau, celui de **N**, ce qui signifie que le plus petit infini qu'on puisse imaginer est nécessairement « dénombrable ». (Étrangement, c'est rassurant, même si on ne saurait dire pourquoi. Ou plutôt si : parce que, pour une fois, notre intuition coïncide avec la réalité...)

Cantor, intrépide, définit une addition des ordinaux (associative mais pas commutative). On peut aussi définir une *multiplication* et une *exponentiation*, ce qui donne lieu à une arithmétique sur les nombres ordinaux transfinis. On n'ira pas plus loin ici.

L'infinité d'infinis – la métaphysique n'est pas loin, les scolastiques s'en seraient régalés – suscita de vives controverses, notamment avec ses illustres contemporains Henri Poincaré et Leopold Kronecker. (Par une délicieuse ironie de l'histoire, Leopold Kronecker (1823-1891), qui ne voulait pas entendre parler d'infini, était l'éditeur du *Journal de Crelle* au moment où Cantor y publia son premier article, qui allait justement fonder la « théorie de l'infini »...)

Il faut noter que ce même Kronecker, l'adversaire le plus résolu de Cantor, ne semblait pas non plus craindre la démesure, lui qui est resté célèbre par cette mâle affirmation : « Dieu a fait les nombres entiers, le reste est l'œuvre de l'homme. » Toutefois, il est probable que Kronecker n'entendait pas, par sa phrase, exalter la puissance de l'homme, mais seulement dire que *seuls les nombres entiers « existent » vraiment* et que sur eux, sur ce don de Dieu, il fallait construire l'Église des mathématiques. (Pour Platon, Dieu « géométrise » ; pour Kronecker, il « arithmétise ».) Dans ce débat, on ne sait où la science finit ni où la théologie commence : les « deux vérités » semblent inextricablement liées. Le point de vue purement philosophique reste celui de Gauss qui affirma, dans une lettre adressée à Bessel en 1830, que le nombre était une « pure production de notre esprit » – *il n'existe pas « vraiment »*. Russell adoptera, après avoir plusieurs fois changé d'avis, la même position. (Monk, p. 40)

Quant à Poincaré, qui passe pour le dernier des « généralistes » (il était réputé bien connaître tous les domaines des mathématiques, un exploit qui après lui devint impossible à cause de la multiplication et de l'extension de celles-ci), il eut dans *L'Avenir des mathématiques* (1908), cette formule goguenarde à propos de ce qu'il appelait le « cantorisme » : « Nous pouvons nous promettre la joie du médecin appelé à suivre un beau cas pathologique. » Pourtant, ce même Poincaré verra de son vivant ses collègues les plus brillants (Frege, Dedekind...) lancer le projet de refonder toutes les branches des mathématiques sur la théorie des ensembles...

Cantor avait réfléchi aux implications théologiques de ses travaux en mathématiques. Comme on pouvait s'y attendre, il avait identifié l'infini *absolu* à Dieu, tout en rendant grâce à celui-ci (« Il lui a plu que je parvienne aux révélations les plus étonnantes et les plus inattendues dans la théorie des ensembles »). Il établissait une distinction entre le transfini (« accessible » à l'homme, selon sa propre terminologie) et l'absolu, l'infini absolu (« inaccessible »).

Plus précisément, Cantor partit d'un paradoxe qu'il avait découvert en 1882 : selon sa propre théorie, si l'on considère la suite formée par tous les ordinaux, on peut « construire » un ordinal strictement supérieur à tous ceux-là... mais comment est-ce possible si la suite les contient déjà tous ? Il introduisit alors, dans son article de 1883, un troisième principe de génération des ordinaux, un principe *ad hoc* selon lequel le second principe de génération ne s'appliquait pas à « la suite complète de tous les ordinaux ». Et pourquoi donc ? Parce que cet ensemble-là constituait le niveau le plus élevé de l'infini, le niveau absolu, celui de Dieu...

Lorsqu'un mathématicien découvre un paradoxe dans sa théorie, il en est atterré. Ce ne fut pas le cas de Cantor, semble-t-il. Cet esprit religieux fut peut-être soulagé de constater que malgré ses incursions dans le domaine de l'infini (et aucun homme n'était allé aussi loin que lui...), il y avait quand même un niveau inaccessible à un simple mortel. Un argument théologique apparut ainsi, assez incongru, dans la plus rigoureuse des « sciences ».

Cantor souffrit toute sa vie d'accès de dépression parfois attribués à l'incessante « guerre de religion » que lui menèrent ses adversaires ainsi qu'à son incapacité à prouver l'hypothèse du continu. Il mourut à l'asile psychiatrique. « Jupiter rend fou celui qu'il veut perdre. » On peut voir en Cantor un Prométhée moderne qui vola aux dieux leur essence, l'infini et l'immortalité (l'infini en étant évidemment une forme puisqu'on raisonne sur des droites ou des séries de nombres qu'on peut parcourir « éternellement », sans aucun terme temporel).

La boucle était bouclée. Les présocratiques avaient identifié l'infini à Dieu et, au terme d'une quête acharnée qui dura plus de deux millénaires et épuisa philosophes, théologiens et mathématiciens, Cantor confirma l'intuition des Grecs antiques, tout en lui apportant cette précision dont on ne sait, à première vue, s'il faut en rire ou s'en affliger : « Oui, Dieu, c'est l'infini… mais c'est l'infini *absolu,* au-delà des transfinis ! »

Et puis on se souvient que les plus fines spéculations théologico-philosophiques distinguent entre l'Univers infini mais soumis aux deux catégories kantiennes du temps et de l'espace et un absolu ontologique situé hors du temps et de l'espace. Celui-là serait seul digne d'être nommé « Dieu » – parce que libre de toute détermination. On se dit alors qu'il est proprement miraculeux que le « produit le plus étonnant de la pensée mathématique », la théorie des transfinis de Cantor, ait prouvé ce que théologiens et philosophes ne faisaient que conjecturer, et il est également miraculeux que les uns et les autres se retrouvent dans la conclusion stupéfiante de ce qui reste « une des plus belles réalisations de l'activité humaine dans le domaine de l'intelligence pure ».

Dieu (en tant qu'idée) est l'infini absolu… Le mystique l'a éprouvé, le mathématicien l'a prouvé.

II

« VOIR LA FACE DE DIEU » : ÊTRE DIEU

Pour moi, une équation n'a de signification que si elle exprime une pensée de Dieu.

Srinivasa RAMANUJAN

C'est par la figure *profane* de Faust, déjà évoquée dans les pages qui précèdent, que nous allons aborder cet aspect de la question. Il semblerait plus naturel de le faire en s'attachant aux pas d'un mystique, un Ibn Arabi par exemple, ou un Hallaj ou un saint Jean de la Croix. Ce sont eux, après tout, qui cherchent l'union avec Dieu. On aurait pu aussi prendre Prométhée pour modèle : après la victoire des dieux dirigés par Zeus sur les Titans, Prométhée se rend sur le char du Soleil, et y vole un tison avec lequel il donnera le « feu sacré » – assimilé ici au savoir – aux hommes.

Si nous avons choisi Faust, c'est que le lien entre lui et les mathématiques est plus évident quoique méconnu.

1

Faust et les mathématiciens

Faust, c'est d'abord un personnage qui a vraiment existé : il s'agit du docteur Johann Faustus, enseignant « défroqué » (à la suite d'un scandale, semble-t-il), alchimiste, astrologue, célèbre nécromant, savant impie, né en 1480 (on ne sait pas exactement où) et mort en 1540. Quel roman que sa vie ! Et quelle fin… Une expérience alchimique qui tourne mal dans une auberge de Staufen-im-Breisgau, une terrible explosion, un cadavre déchiqueté (la tête tournée à l'envers, dit-on), il n'en fallait pas plus pour y voir un châtiment divin : le docteur-magicien aurait vendu son âme au Diable… C'est ainsi qu'il aurait obtenu les pouvoirs extraordinaires dont il se vantait. Le nécromant, n'est-ce pas celui qui entre en contact avec les morts ?

Mais Faust, c'est surtout l'un des mythes occidentaux les plus fascinants. C'est par Goethe que nous le connaissons, et accessoirement par l'opéra de Berlioz, mais il faut partir de Christopher Marlowe pour mieux le comprendre.

Ce qu'on découvre alors est surprenant.

2

Faust, Marlowe, Goethe… et Averroès

Comme le dit Averroès, ce n'est qu'en mathématiques que nous identifions les choses de façon absolue.

Umberto ECO, *Le Nom de la rose*

Christopher Marlowe s'empara du thème dont il fit une pièce de théâtre sous le titre *The Tragical History of Doctor Faustus*. Représentée en 1594 à Londres, elle fait encore aujourd'hui l'objet de multiples interprétations. Dès les premières répliques « apparaît [...] l'ombre désacralisante d'Averroès ». (Forti, p. 9)

Averroès ? Que vient-il faire dans cette affaire ?

Marlowe évoque Pietro d'Abano et Roger Bacon (1214-1294), tous deux spécialistes d'Ibn Rochd, l'Averroès des Latins, dont les ouvrages étaient lus et commentés à Padoue, où enseignait Pietro d'Abano.

Pietro d'Abano, né près de Padoue en 1250, mort en 1316, médecin, philosophe et astrologue, est considéré comme le fondateur de l'averroïsme padouan, courant hostile à la scolastique et favorable à l'expérience. Il aurait vécu à Constantinople et aurait été un fin connaisseur de la science arabe et de la pensée d'Averroès. Il aurait appris l'arabe pour pouvoir lire ce dernier dans le texte.

La réplique dans laquelle Abano apparaît est parfois donnée ainsi (c'est Valdes qui s'adresse à Faust) : « *Then haste thee to some solitary grove, / And bear wise Bacon's and Albertus' works* ». (Voir par exemple la version de *The Tragical History of Doctor Faustus* éditée par Alexander Dyce que nous avons consultée sur le site Projet Gutenberg.) Albertus serait alors Albert le Grand. Cependant cette correction a été introduite en 1841, plus de deux siècles après l'impression du texte. Tous les in-quarto (par exemple celui de 1604) portent bien « Albanus » (plus proche d'*Abanus* que toute autre leçon) et non Albertus. De toute façon, cela ne change pas grand-chose à ce que nous disons ici puisqu'une partie du travail philosophique d'Albert le Grand consista à diffuser les commentaires qu'Averroès fit de l'œuvre d'Aristote.

Il régnait une certaine liberté de penser à Padoue, qui était sous domination de la République de Venise, d'où le soupçon de l'Église qu'on y utilisait les études aristotéliciennes, et en particulier les travaux sur Averroès, pour mettre en question les Saintes Écritures. L'intérêt soutenu de Bacon pour la philosophie arabe attira l'attention du pape Clément IV qui lui ordonna de se justifier par écrit. Ce sera l'*Opus majus*.

Il y a des similitudes frappantes entre le *Traité décisif* du cadi Averroès et l'*Opus majus* du franciscain Bacon. Ce dernier, qui fut moine, philosophe et alchimiste, est considéré comme l'un des pères de la méthode scientifique grâce à sa reprise des travaux d'Alhazen. Il fut le premier dans le monde occidental à mettre en question des enseignements d'Aristote, observations à l'appui. C'est sans doute la plus grande figure scientifique du Moyen Âge. Bacon ne pouvait pas connaître directement le *Traité* de notre cadi, mais il connaissait son commentaire de la *Poétique* d'Aristote ainsi que des œuvres de Farabi, d'Avicenne et de Ghazali.

Mais qu'avait donc dit Averroès de si dangereux pour l'Église ?

3

Les deux vérités

Pour le comprendre, il faut en revenir à un de ses textes les plus fameux, écrit en 1179 et intitulé *Tahafut al-tahafut*, un titre qu'on peut traduire par « Incohérence de l'incohérence ».

Il s'agissait d'une réponse point par point au pamphlet de Ghazali intitulé *Incohérence des philosophes* (1095) qui attaquait les philosophes « arabes », Avicenne en particulier – l'adjectif « arabe » est entendu ici au sens de « écrivant en langue arabe » : Avicenne était persan et Farabi, autre cible de Ghazali, était turc. La première thèse dénoncée par Ghazali était celle de l'éternité du monde : il y voyait l'erreur fondamentale des philosophes et il y consacra près du quart de son pamphlet.

Dans son *Tahafut al-tahafut,* Averroès avait affirmé avec force que les interprétations *philosophiques* de l'Écriture, c'est-à-dire menées avec l'aide de la raison, sont parfaitement légitimes. Voilà déjà de quoi alerter l'Église qui s'arrogeait le privilège d'interpréter les textes sacrés. Là commence le long et ardu chemin vers la liberté de penser…

(Il faut noter que la question ne se posait pas dans les mêmes termes pour Averroès : dans le monde musulman, le sien, il n'y avait pas d'Église au sens chrétien du terme, c'est-à-dire d'une institution représentant le corps mystique du Christ, seule habilitée à interpréter l'Écriture. Si l'interprétation est une question *philosophique* pour Averroès, pour l'Église, elle est un défi à son monopole.)

Dans un autre texte (une fatwa en fait), connu sous le titre de *Traité décisif* (1179), le philosophe cordouan avait essayé d'établir la connexion (*ittisâl*) entre la Révélation et la raison. Une fatwa est simplement la réponse donnée par un jurisconsulte à une question posée par un fidèle. En l'occurrence, la question était : « Est-il *licite* [conforme à la loi religieuse] de pratiquer la philosophie ? » Il s'agissait donc bien des rapports entre la foi et la raison. Cette question n'était pas nouvelle et allait longtemps continuer de tourmenter la scolastique, mais la position d'Averroès était remarquablement claire, assurée et... surprenante.

Il avait d'abord affirmé, en s'appuyant sur le Coran (et en sollicitant parfois le texte...), que l'étude de la science et de la philosophie (on ne distinguait pas entre les deux, à l'époque) était non seulement autorisée par la loi divine (la charia), mais *obligatoire*, du moins pour ceux qui en ont les capacités intellectuelles. C'était, et c'est toujours, une position audacieuse. On est loin de l'« abêtissez-vous » de Pascal.

Ensuite, il avait déclaré que la science, c'est-à-dire les résultats obtenus par l'application de la raison (*al-'aql*) à l'étude de la nature, ne pouvait jamais contredire la Révélation puisque, selon sa formule, « la vérité ne peut pas contredire la vérité » – *al-haqq la yudaddu l-haqq*. (*Traité décisif*, p. 119)

Sur la foi de cette formule, on attribua à Averroès l'ambiguë « doctrine des deux vérités » qui fit florès aux siècles suivants : il y aurait une vérité pour les simples d'esprit, celle de l'Église, une autre (la vraie...) pour l'élite intellectuelle.

On trouvera encore cette idée chez Freud, dans *L'Avenir d'une illusion.* Et si on remonte aux premiers balbutiements de la philosophie, on y découvre quelque chose d'analogue : l'école pythagoricienne distinguait entre les acousmaticiens (les auditeurs) et les mathématiciens, « ceux qui savent ». Les premiers se contentaient d'écouter l'enseignement de Pythagore, qui était dissimulé derrière un rideau ; les autres étaient autorisés à voir le maître. Pour les acousmaticiens, les choses étaient énoncées ; aux mathématiciens, elles étaient démontrées. C'est la plus haute forme de savoir.

C'était sans doute l'avoir mal lu : pour Averroès, il faut accepter les résultats scientifiques même quand ils semblent contredire la Révélation ; mais, pour autant, il ne faut pas rejeter celle-ci ou l'abandonner à la masse inculte et inintelligente. Il faut réinterpréter (il utilise le mot technique arabe *ta'wil* qui signifie « retourner à l'origine », *al-awwal* signifiant « le premier ») pour faire *coïncider* la Révélation réinterprétée avec la science.

En anticipant un peu, il nous faut souligner ici que, près de cinq siècles plus tard, Galilée fera la même analyse qu'Averroès : la vérité dictée par la raison doit prévaloir mais cela ne signifie par que l'autre vérité, celle de l'Écriture prise littéralement, soit fausse. Dans sa lettre de 1615 à la grande-duchesse de Toscane, il pose le problème de la concordance du système de Copernic avec le texte biblique. En lisant cette lettre, on a parfois l'impression que Galilée cite mot à mot Averroès sur les fonctions respectives de la religion et de la science. Celle-ci peut atteindre la vérité (en ce qui concerne la connaissance de la nature) par la raison et l'observation. Et Galilée de reprendre à la lettre la formulation cruciale d'Averroès : « Deux vérités ne peuvent se contredire. » L'herméneutique qu'il en tire est exactement la même que celle du cadi cordouan : une contradiction *apparente* entre science et Écriture doit stimuler la recherche dans le sens de la réinterprétation : l'Écriture doit s'accorder avec toute proposition de philosophie naturelle qui semble la contredire.

Le théologien et philosophe catalan Raymond Sebond (1385-1436) avait repris l'idée fondamentale d'Averroès dans sa *Théologie naturelle*, écrite en 1436 et traduite en français par Montaigne en 1568 et 1569. Il y réitère la distinction entre le « livre de la nature » et le « livre révélé ». Il sépare, lui aussi, la science de la théologie – il l'en libère, en fait. C'est pourquoi le prologue de l'ouvrage fut mis à l'Index par l'Église en 1564.

Plusieurs siècles plus tard, le prêtre belge Georges Lemaître, l'« inventeur » du Big Bang, dira en substance : « Il y a deux voies vers la vérité, j'ai décidé de les suivre toutes deux... » Jolie pirouette, digne d'un Oscar Wilde ou d'un Cocteau ? Certes. Mais Averroès était cadi musulman, Lemaître prêtre catholique, il eût été difficile pour l'un et l'autre de tenir pour rien ce qui était au fondement de leur foi – en admettant qu'ils eussent eu la foi, ce qui est impossible à établir. Notons que Lemaître répondra à la première objection de Ghazali (sans peut-être s'en rendre compte...), neuf siècles après *L'Incohérence des philosophes*, en distinguant l'idée de « commencement » de celle de « création », la première étant une entité *physique*, la seconde un concept *philosophique*. Lemaître savait-il qu'il reprenait ainsi une distinction déjà opérée par Averroès ? L'idée avait été reprise par saint Thomas d'Aquin et Lemaître était thomiste de par sa formation de prêtre...

Il n'y a aucune ambiguïté dans le texte d'Averroès sur le point essentiel : en cas de contradiction apparente entre les deux vérités, la « scientifique » et la « religieuse », il faut admettre la première, quitte à réinterpréter la seconde pour rétablir la connexion (*al-ittisâl*) entre les deux. Oui, décidément, la plus haute forme de savoir est le savoir *démonstratif*.

Notons que cette idée vient de loin. Voici le récit d'un rêve du fameux calife al-Ma'mun (le fils du Harun al-Rachid des *Mille et Une Nuits*) tel que le consigna le bibliographe al-Nadim à la fin du Xe siècle : « Le calife vit en songe un homme assis dans une chaire. "Je lui demandai : 'Qui es-tu ?' Il me répondit : 'Je suis Aristote.' Cela me réjouit et je lui demandai : 'Qu'est-ce que le Bien ?' Il me répondit : 'Ce qui est bien selon la raison.' Je lui dis : 'Et ensuite ?' Il répondit : 'Ce qui est bien selon la révélation.'" » (Benmakhlouf, p. 15) Selon Benmakhlouf, ce rêve a permis le développement extraordinaire de la philosophie dans les terres d'Islam au IXe siècle.

Le point de vue « audacieux » d'Averroès peut s'expliquer assez simplement si on tient compte du contexte de l'apparition de l'islam dans la péninsule arabique au VIIe siècle. L'islam était la transcription d'une certaine façon de vivre, réelle ou idéalisée, en termes politiques et religieux. La philosophie de la nature y occupait donc une place très restreinte – littéralement, *ce n'était pas son propos*. Il n'était donc pas aberrant de mettre les résultats obtenus par l'investigation rationnelle dans le domaine scientifique *au-dessus* de ce que la religion pouvait en dire. Que ce soit la position inverse qui semble aujourd'hui prédominer dans le monde arabo-musulman est une régression tragique dont les effets sont palpables.

4

La science passe devant la foi

En tout cas, on comprend pourquoi Marlowe fait d'Averroès, par le biais de Pietro d'Abano et de Roger Bacon, le précurseur de son Faust. Le cadi de Cordoue n'avait-il pas osé donner la primauté à la science sur la Révélation ?

Goethe a vu la pièce de Marlowe à Francfort, vers 1768. Dans son propre *Faust*, il transpose le mythe de Prométhée dans l'imaginaire chrétien. Prométhée fut puni par les dieux pour leur avoir dérobé le feu : c'était faire preuve d'*hubris*, de démesure. Le Faust de Goethe sera également puni mais pour un péché d'orgueil, celui d'avoir voulu acquérir le savoir. Selon la Bible, Dieu défendit à Adam de manger des fruits de l'arbre de la « connaissance du bien et du mal ». Une interprétation possible de ce passage de la Genèse est que l'arbre symbolise le savoir absolu qui n'appartient qu'à Dieu. Le feu de Prométhée, ce serait le savoir absolu de Faust… Les deux sont réunis en 1857 dans le *Faust et Prométhée* de Hermann Hango, où le premier devint la figure idéalisée de l'humanité moderne, avide d'action et de progrès.

Quelques années plus tard, dans *Le Déclin de l'Occident* (1918), Oswald Spengler qualifie de « faustienne » la culture de l'homme occidental. Elle représente le triomphe de la pensée technique et « considère *l'infini et l'illimité comme ses objectifs spécifiques* ». Elle ne veut pas seulement embrasser et dévoiler les secrets de l'univers, elle vise à les rendre utilisables à des fins pratiques. « Idée monstrueuse et sans équivalent », estime Spengler. Qu'aurait-il dit s'il avait pu voir Hiroshima anéantie par l'« application pratique » de la fameuse équation $E = mc^2$? Qu'aurait-il pensé de l'initiative de ces jeunes physiciens qui, alors qu'ils étaient en train de « dévoiler les secrets de la nature », prirent l'initiative de faire représenter *Faust* à Copenhague ?

(Notons ceci au passage : après Marlowe, la référence à Averroès se perd. On reste entre Européens, ce qu'on peut déplorer pour deux raisons : d'abord, l'habitude se perd d'inclure le monde arabo-islamique dans la « grande marche » de l'Esprit (le *Geist* hégélien) vers *plus de lumière* (*« mehr Licht »*, les derniers mots de Goethe), ce qui crée une faille dommageable entre ces deux « civilisations » ; ensuite, et pour ledit monde arabo-islamique, l'inclusion d'Averroès dans le grand récit européen l'aurait peut-être incité à méditer davantage la pensée du cadi andalou (devenu un des grands noms de l'Occident, à l'instar d'un Locke ou d'un Rousseau) et à retrouver l'esprit de ces temps heureux où l'on pouvait « oser penser » à Bagdad ou à Cordoue – plusieurs siècles avant que Kant n'emprunte à Horace son s*apere aude* pour symboliser l'esprit des Lumières.)

Le mythe de Faust, le pacte avec le Diable, symbolise une étape cruciale dans l'évolution de la culture occidentale : la pensée commence à s'affranchir de la tutelle de l'Église.

La *Narratio prima* de Georg Joachim Rheticus paraît vers 1540 : pour la première fois, la théorie héliocentrique de Copernic est imprimée et publiée, sous forme résumée. (Le *De revolutionibus orbium coelestium* de Copernic sera publié trois ans plus tard, à l'instigation de Rheticus, justement). Ce sont surtout des dominicains qui s'alarment du danger que représentent les nouvelles idées pour l'autorité de l'Église mais, ironie suprême, c'est un ancien frère dominicain qui portera haut le flambeau de ces idées après les avoir apprises dans les œuvres de Nicolas Copernic et de Nicolas de Cues. Après huit années de procès, Giordano Bruno sera brûlé vif au Campo de' Fiori, à Rome. Marlowe connaissait la pensée de Bruno, « par l'intermédiaire d'amis mathématiciens » (Forti, p. 28). Un hasard ?

Le mythe de Faust connaîtra par la suite des transformations importantes. Le désir de connaissance s'estompe. Le plaisir prend sa place.

Dès 1599, Georg Widmann publie à Hambourg un *D. Iohannes Faustus* moralisant. Dans *La Peau de chagrin* de Balzac, le jeune Raphaël de Valentin accepte un pacte diabolique qui lui permettra de devenir immensément riche et de connaître la gloire et les succès mondains. On est loin de la quête de savoir, même si le thème du savoir n'est pas totalement absent : « L'exercice de la pensée, la recherche des idées, les contemplations tranquilles de la Science nous prodiguent d'ineffables délices » (Pléiade, t. X, p. 137). *Le Portrait de Dorian Gray*, souvent associé à *La Peau de chagrin* à travers le mythe de Faust, met en scène un jeune homme, Dorian Gray, qui se laisse séduire par les théories sur la jeunesse et le plaisir de son nouvel ami Lord Henry, dit Harry (« Un nouvel *hédonisme* [...]. Vous pourriez en être le symbole visible... »), et qui finit par passer le pacte fatidique : « Si je demeurais toujours jeune et que le portrait vieillisse à ma place ! Je donnerais tout, tout pour qu'il en soit ainsi. [...] Je donnerais mon âme ! »

Tout cela nous éloigne du sujet. Revenons à Marlowe. Selon F. A. Yates, le personnage principal de son *Faust* serait plus proche de son contemporain John Dee que du lointain Johann Faustus. Or qui était John Dee ? Un illustre mathématicien, qui donna des cours sur Euclide à Paris… Né en 1527, mort en 1608, il fut aussi astronome, astrologue, géographe, alchimiste, occultiste. Entre l'étude des sciences et celle de la magie, au moment où l'on commençait à différencier ces deux notions, il ne put jamais clairement choisir. John Dee était aussi un expert en navigation qui forma la plupart de ceux qui menèrent les expéditions des grandes découvertes de l'Angleterre. On lui doit d'ailleurs l'expression d'« Empire britannique ». Il consacra le dernier tiers de sa vie à l'étude exclusive de la magie et de l'hermétisme.

Plus qu'un mathématicien, John Dee était un ardent *défenseur* des mathématiques. On peut se demander si une discipline scientifique, fût-elle la « reine des sciences » (Gauss), avait besoin d'être défendue. Léonard de Vinci n'avait-il pas écrit, plusieurs années avant la naissance de Dee : « Aucune investigation humaine ne peut être dite vraie science si elle ne passe par les démonstrations mathématiques » ? Sans doute fallait-il, encore et encore, insister sur ce point. Il fallait montrer que, des deux vérités d'Averroès, c'était bien la « scientifique » qui avait la primauté, comme il l'avait enseigné. Pourquoi ? Parce qu'elle s'appuyait sur *la science de ce qui est.*

Cette science, ce sont les mathématiques.

5

Que nul n'entre ici…

Les savants, Calliclès, […] appellent l'univers l'ordre des choses, non le désordre ou le dérèglement. Tu n'y fais pas attention […] et tu oublies que l'égalité géométrique est toute-puissante parmi les dieux comme parmi les hommes. Si tu es d'avis qu'il faut l'emporter sur les autres, c'est parce que tu négliges la géométrie.

PLATON, *Gorgias*

C'est ici qu'il faut retourner à un passage décisif de *La République* de Platon (VII, 521) où la géométrie, avec l'arithmétique, est élevée au rang de savoir ultime, « divin ». La question est ainsi posée par Socrate : « Quelle est donc, Glaucon, la science qui attire l'âme de ce qui devient vers *ce qui est* ? »

« Ce qui est », dans les croyances de tout acabit, par opposition à ce qui n'est que transitoire, c'est en quelque sorte un autre nom de Dieu. Il est à cet égard remarquable que la sourate 112 du Coran semble faire écho au fragment VIII du poème de Parménide, ou plutôt elle semble le résumer. L'Être « est inengendré et impérissable, universel, unique, immobile, [...] Un », dit Parménide et, comme en écho, comme en miroir, le Coran affirme : « Dieu est Un, immobile et impérissable / [...] inengendré / unique. »

Selon un hadith célèbre, cette sourate équivaut à un tiers du Coran, c'est dire son importance. Abu Sa'id al-Khudri rapporte : « Quelqu'un entendit un homme réciter [la sourate 112] en la répétant plusieurs fois. Le lendemain matin, il alla voir le Messager de Dieu et lui raconta cela en ajoutant qu'il considérait la récitation de cette sourate comme insuffisante. À cela, le Prophète répondit : "Par Celui qui détient mon âme dans Sa main ! Cette sourate équivaut à un tiers du Coran." » (Al-Bukhari, *Sahih*, 6643). (Le tiers *de la substance* du Coran est une citation de Parménide. C'est inattendu, fascinant, vertigineux...)

L'affirmation de ce qu'est l'Être pour Parménide et Dieu pour le monothéisme « le plus pur » (*al-ikhlas*, c'est le titre de la sourate 112) est donc le cœur même de la foi. Qu'est-ce alors qu'approcher Dieu au plus près, sinon saisir l'Être dans sa vérité ? dans sa vérité la plus pure, la plus dépouillée ? C'est là que se trouve, me semble-t-il, la clef de l'énigme que j'essaie de résoudre pour répondre, avec plusieurs décennies de retard, au défi lancé par M. D.

« Saisir l'Être dans sa vérité », c'est ce qui mènera aussi bien les mystiques que les mathématiciens à l'extase et à la folie – c'est peut-être la même chose.

Revenons à Platon. Pour répondre à la question de Socrate, il commence par dire, en accord avec ce qui précède, que « la perception de l'*unité* est de celles qui conduisent et tournent l'âme vers la contemplation de l'*être* ». La science correspondante est celle des nombres : l'arithmétique. Elle est « nécessaire au philosophe pour sortir de la sphère du devenir et atteindre l'*essence* ». Puis il passe à une autre branche des mathématiques : la géométrie.

La tradition veut que la phrase : « Que nul n'entre s'il n'est géomètre » ait été gravée à l'entrée de l'Académie, l'école fondée à Athènes par Platon. Il n'est donc pas étonnant que Platon fasse l'apologie de la géométrie. Socrate et Glaucon s'accordent : « Si la géométrie oblige à contempler l'*essence*, elle nous convient ; si elle s'arrête au *devenir*, elle ne nous convient pas. » Et Socrate de préciser : « Cette science n'a d'autre objet que la connaissance de ce qui *est toujours* et non de ce qui naît et périt. » Puis il conclut : « Par suite, mon noble ami, elle attire l'âme vers la vérité, et développe en elle cet esprit philosophique qui élève vers les choses d'en haut les regards que nous abaissons à tort vers les choses d'ici-bas. »

C'est pourquoi Platon traitait les Égyptiens de « peuple de boutiquiers », leur savoir étant bassement utilitaire. (L'insulte sera reprise par Napoléon, qui l'utilisa pour stigmatiser les Anglais – qui en furent très étonnés : ils étaient fiers, eux, d'être une nation de *shopkeepers*...)

Avant Platon, Euclide s'était opposé aux applications pratiques de la géométrie parce qu'elles faisaient ainsi descendre cette noble activité de l'intellect « vers les choses ici-bas ». Selon Plutarque, Archimède, bien qu'inventeur de machines (on lui doit des machines de traction, avec poulies et palans, des engins de guerre, la vis sans fin, le principe de la roue dentée, etc.), « tenait la mécanique pratique et toute technique utilitaire pour indignes et artisanales et ne consacrait son ambition qu'aux objets dont la beauté et l'excellence étaient pures de tout souci de nécessité ».

Descartes exprima le même point de vue lorsqu'il écrivit que les mathématiques ne devaient pas seulement servir « à résoudre les vains problèmes dont les calculateurs et les géomètres ont coutume d'amuser leurs loisirs ». Il ajouta : « Je croirais, dans ce cas, n'avoir réussi qu'à m'occuper de bagatelles avec plus de subtilité peut-être que les autres. »

Quelques siècles plus tard, Paul Erdős menacera son ami Vazsonyi de lui « tirer dessus » s'il entrait à l'Université technique pour devenir ingénieur au lieu de se consacrer aux mathématiques (Hoffman, p. 160).

Mais la mathématique est-elle vraiment le but de cette quête obstinée ? Pour Platon, la géométrie, pas plus que les autres sciences mathématiques, n'est une fin en soi, mais seulement un *préalable* destiné à développer la capacité d'abstraction de l'étudiant, son aptitude à dépasser les sensations qui nous maintiennent dans l'ordre du monde matériel pour s'élever jusqu'à l'intelligible pur. La géométrie peut nous faire appréhender des « vérités » (celle d'un théorème de géométrie comme, dans le cas du *Ménon*, celui sur le doublement du carré) que l'on peut dire « transcendantes » puisqu'elles ne dépendent pas de ce que nous en pensons : elles s'imposent à tout être sensé. Tout cela doit donc nous inciter à nous demander si de telles vérités transcendantes n'existent pas aussi *dans d'autres domaines*. Par exemple, que nous puissions les démontrer ou non, il y a de telles vérités dans le domaine de l'éthique.

(On verra dans les cas de Gödel et de Grothendieck que cette recherche « platonicienne » de vérités transcendantales en dehors de leur domaine d'expertise les conduira à la folie...)

Il y a une récurrence, au cours des siècles, de cette attitude qui laisse à penser qu'elle touche à quelque chose de profond chez les mathématiciens. Ainsi Godfrey Hardy écrira, plus de deux mille ans plus tard, et pour s'en féliciter, ces phrases : « Je n'ai jamais rien fait qui fût "utile". Aucune de mes découvertes n'a apporté ni n'apportera jamais la moindre modification, en bien ou en mal, à l'ordonnancement du monde. » (« *I have never done anything "useful". No discovery of mine has made, or is likely to make, directly or indirectly, for good or ill, the least difference to the amenity of the world.* ») Hardy, comme Euclide, n'admettait les mathématiques que *pures* – et non appliquées. Il s'agit bien, pour reprendre la distinction de Platon, de la connaissance de *ce qui est toujours* et non de ce qui naît et périt.

(Cela dit, Hardy se trompait : les nombres premiers, dont il était un spécialiste et qui sont restés « inutiles » pendant plus de deux mille ans, sont aujourd'hui utilisés par les militaires, en particulier par le Pentagone, pour chiffrer les codes les plus secrets, dont ceux de l'arme nucléaire. Et le plus grand employeur de mathématiciens, aux États-Unis, est la fameuse NSA, l'Agence nationale de sécurité… On est loin de Platon : « Combien la science des nombres est belle quand on s'en occupe pour la connaître – et non pour en trafiquer. » (*La République*, VII, 525.))

On conçoit donc qu'un John Dee ait senti le besoin de faire l'apologie des mathématiques, et que Marlowe ait pu voir en lui le Faust de son temps. (Marlowe évoque également Agrippa dans son *Faust* : « J'entends être l'égal d'Agrippa que l'Europe honore pour avoir évoqué les fantômes. » Or Agrippa fait également un vibrant éloge des mathématiques dans le tome II de son *De occulta philosophia*, publié en 1531 : « Les théories mathématiques sont si nécessaires et ont une telle affinité avec la magie [*sic*] que quiconque l'exerce sans cette science s'égare totalement. »)

Le savoir par excellence, celui qui atteint l'essence des choses, autrement dit l'Être ou Dieu, ce sont les mathématiques.

Un savant de Padoue, Francesco Barozzi, alla encore plus loin : dans son *Oratio inauguralis* de 1559, il affirme que si l'on désire connaître sa propre âme, on doit apprendre toutes les disciplines mathématiques, étant donné que « l'âme humaine a une nature mathématique »...

6

Une révolution mal nommée

C'est donc par les mathématiques, plus que par l'averroïsme, que s'amorce la faille qui va déboucher sur la modernité (en détachant la science de la théologie).

On s'en aperçoit à peine, au départ. Quand Nicolas Copernic (1473-1543), qui est à la fois chanoine et mathématicien-astronome, propose son système héliocentrique, c'est d'abord à cause des défaillances du système de Ptolémée, qui ne peut décrire avec précision les phénomènes observés. Copernic place le Soleil au centre de l'Univers, la Terre devenant une planète tournant autour de ce point fixe. Ce changement de perspective résout certains problèmes « techniques ».

Bien que ce soit une rupture radicale, on ne s'en aperçoit pas, pour plusieurs raisons : Copernic présente le nouveau point de vue comme une *hypothèse de calcul*, et la nouvelle « théorie » met de l'ordre et de l'harmonie dans l'univers en éliminant tous les ajouts *ad hoc* opérés par les astronomes qui ont succédé à Ptolémée. En ce sens, elle ne contredit pas l'idée fondamentale d'un univers parfait, idée commune aux Anciens et à l'Église.

Plus précisément, Ptolémée avait conservé trois axes du dogme aristotélicien :

a) le géocentrisme : la Terre, rigoureusement immobile, siège au milieu de l'univers ;

b) la séparation entre « notre » monde sublunaire, sujet au changement et à la corruption, et le ciel au-dessus de nous, ce monde supralunaire parfait et immuable ;

c) le mouvement circulaire uniforme des astres.

Copernic ne remit en question qu'un seul de ces principes : le géocentrisme. (Kepler améliorera le modèle en montrant que les trajectoires des planètes autour du Soleil forment des ellipses. *Exit* le mouvement circulaire.) Et pourtant, c'est le point de départ d'un changement tellement radical des points de vue scientifique, philosophique et religieux qu'il a été nommé « révolution copernicienne ». À tort : c'est de révolution galiléenne qu'il faudrait parler. C'est Galilée qui en est le vrai auteur : « Galilée est l'auteur de la révolution copernicienne, ou du moins son héros, confesseur et martyr, la révolution ne devant pas être comprise comme un épisode dans l'histoire de l'astronomie, mais bien comme une réévaluation de toutes les valeurs. » (Gusdorf, p. 65) Galilée montrera qu'il n'y a pas de différence de nature entre notre Terre et le monde supralunaire prétendument parfait (il y a des taches sur le Soleil) – ce dont Nicolas de Cues avait déjà eu l'intuition… Non, la Terre n'est pas « la latrine de l'Univers ».

Mieux : on peut comprendre tout l'Univers sans faire appel à ce fatras philosophico-théologique. Comment ? Avec la seule méthode réellement « scientifique » (du moins le pensait-il), la méthode inductive. Avec l'outil le plus puissant et le plus précis qui soit, les mathématiques.

7

« L'univers est écrit en langue mathématique… »

Ce passage crucial, qui figure dans *L'Essayeur* (1623) a été si souvent cité qu'on hésite à le faire de nouveau. Mais *bis repetita placent*… Le voici donc, dans toute son éloquente beauté :

La philosophie est écrite dans cet immense livre qui est constamment ouvert sous nos yeux, je veux dire l'Univers, mais on ne peut le comprendre si l'on ne s'applique d'abord à en comprendre la langue et à connaître les caractères avec lesquels il est écrit. Il est écrit en langue mathématique et ses caractères sont des triangles, cercles et autres figures de géométrie, sans le moyen desquels il est humainement impossible d'en comprendre un mot. Sans eux, c'est une errance vaine dans un labyrinthe obscur.

L'Église avait déjà senti le danger. Le quatrième dimanche de l'Avent 1614, monté en chaire à l'église Santa Maria Novella de Florence, le P. Caccini, dominicain, s'en était pris à Galilée, dont il allait devenir un adversaire tenace. Pour lui, les mathématiques étaient une invention du Diable et les mathématiciens devaient être bannis de tous les États chrétiens.

(En anticipant un peu, on pourrait ajouter ceci : puisque les formules mathématiques ne sont que des mots et des phrases condensés, la belle formule de Galilée se réduit à : « Le livre est écrit ». C'est donc une gigantesque tautologie. Le livre décrit le monde mais c'est la logique, le soubassement de tout langage, qui en est la vraie structure, c'est elle qui constitue le vrai *être de l'être.* C'est cette idée que les logiciens de la fin du XIXe-début du XXe siècle creuseront)

L'idée est aussi nouvelle que révolutionnaire : la matière inerte se comporte selon des lois immuables, selon un ordre décrit par les mathématiques.

Les mathématiciens seraient-ils les vrais détenteurs de la vérité ? Seraient-ils les détenteurs de la « vraie » vérité ? (Ces deux formulations ne sont pas entièrement équivalentes, on le verra.) En tout cas, plus que jamais depuis Platon et au grand dam des théologiens, ce sont eux qui occupent le centre de la scène. De quoi perdre la tête, parfois…

8

« *Hypotheses non fingo* »

Quelques années plus tard, Newton déchiffre l'essentiel du livre du monde en élaborant le modèle mathématique de l'univers, sous le titre *Principes mathématiques de la philosophie naturelle* (1687). Dans un essai ajouté à la seconde édition (1713) de ses *Principia*, il écrit cette phrase cruciale et justement célèbre : « *Hypotheses non fingo* », qui signifie en latin « Je ne feins pas (ou je ne forge pas) d'hypothèses ». Voici ce passage décisif pour l'histoire de la pensée humaine :

> *La gravité vers le Soleil est composée des gravités vers chacune de ses particules, et elle décroît exactement, en s'éloignant du Soleil, en raison doublée des distances, et cela jusqu'à l'orbe de Saturne, comme le repos des aphélies des planètes le prouve [...]. Je n'ai pu encore parvenir à déduire des phénomènes la raison de ces propriétés de la gravité, et je ne forge point d'hypothèses. Car tout ce qui ne se déduit point des phénomènes est une hypothèse et les hypothèses, soit métaphysiques, soit physiques, soit mécaniques, soit celles des qualités occultes, ne doivent pas être reçues dans la philosophie expérimentale.*

Newton ne forge pas d'hypothèses : il montre *les choses mêmes*. Avec lui, la physique franchit donc un pas décisif. Comment ? Il faut ici distinguer entre mouvement relatif et mouvement absolu. Les *Principia* posent un repère spatio-temporel absolu dans lequel on peut distinguer entre mouvements relatifs (qui dépendent de l'observateur) et mouvements absolus. Les lois du mouvement absolu, qui ne dépendent pas de l'observateur, définissent une *physique des forces absolues*. Celles-ci ne sont donc plus des apparences (« ce que perçoit l'observateur »), elles sont la réalité, la nature, le monde.

Bien sûr, il y a cette phrase mystérieuse (« Je n'ai pu encore parvenir à déduire des phénomènes la *raison* de ces propriétés… ») qui semble indiquer que la recherche du *pourquoi* des choses est encore en cours. Mais *hypotheses non fingo* peut aussi s'interpréter comme le renoncement à connaître ce *pourquoi* des choses.

> Pour qui est à la recherche des causes finales, il y a là une forme de frustration. Bertolt Brecht l'exprimera ainsi : « On chercha des lois *qui expliqueraient ce qui existe* / mais lorsqu'on eut trouvé ces lois / il apparut qu'avec tout ce qu'on comprenait, on était encore loin du compte. » La science renonçait à s'intéresser au pourquoi. Mais *y a-t-il* un pourquoi ? Et si « cette quête éperdue de clarté » (Camus) n'était qu'une illusion, un défaut de câblage dans les neurones d'*Homo sapiens* ?

Quoi qu'il en soit, c'est à partir de là que le débat devient réellement *scientifique*.

> (Il convient ici de s'arrêter un instant sur le titre de l'ouvrage de Newton. En effet, ce titre contient les deux mots « mathématiques » et « nature ». C'est donc tout un programme qui s'annonce, qui triomphera mais qui sera

par la suite critiqué : « La science européenne des XVIIIe et XIXe siècles avait systématiquement pris le parti, avec une rigueur inconnue jusqu'alors, d'isoler de leurs contextes des phénomènes naturels donnés pour les observer, les contrôler expérimentalement, les formaliser et les décrire mathématiquement et comprendre ainsi les rapports qui les commandent. Mais ce faisant elle perdait de vue la globalité de la nature, la fonction de l'homme en particulier. » (Plum, p. 7) Gusdorf exprime à peu près la même idée ainsi : « Les triomphes ainsi obtenus ne doivent pas faire oublier le prix initialement payé pour en arriver là. Il a fallu transfigurer le monde, c'est-à-dire peut-être le défigurer par une restriction mentale qui lui fait perdre son visage humain. » Pour Heisenberg (p. 24) « le prix à payer pour le progrès scientifique a été de renoncer à rendre immédiatement vivants à notre pensée les phénomènes de la nature ».)

On n'en est pas encore là. Voltaire, enthousiasmé, publie les *Éléments de la philosophie de Newton* en 1738. Les Français apprirent la loi de l'attraction universelle en lisant Voltaire, qui livra un véritable combat pour cette *vérité* qui venait d'outre-Manche. On était encore cartésien en France (en ce qui concerne le « système du monde » et ses « tourbillons »...), y compris à l'Académie royale des sciences. Voltaire étudie Newton à Cirey où il vit avec la marquise du Châtelet, mathématicienne d'élite, à qui il dédicace sa traduction.

Lorsque Maupertuis alla en Laponie vérifier si la Terre était aplatie aux pôles (ce qui est une conséquence de la gravitation telle qu'énoncée par l'illustre savant anglais), Voltaire salua ainsi – avec une petite pointe d'ironie... – l'exploit et l'expédition :

Courriers de la physique, Argonautes nouveaux,
Qui franchissez les monts, qui traversez les eaux,

Vous avez confirmé, dans ces lieux pleins d'ennui,
Ce que Newton connut sans sortir de chez lui.

On peut comprendre l'enthousiasme de Voltaire à l'aune de son déisme. Copernic, Kepler, Galilée et Newton avaient fait l'extraordinaire découverte d'un *ordre rationnel et éternel* du monde. La fameuse « horloge » qu'il mentionne à plusieurs reprises (« Le monde est une horloge et cette horloge a besoin d'un horloger », « L'univers m'embarrasse, et je ne puis songer / Que cette horloge existe et n'ait point d'horloger ») n'est plus une image, c'est vraiment *comme cela* que le monde fonctionne. Quant à l'horloger, comment le connaître, comment même prétendre connaître ses intentions ? Qu'importe. Ce qui compte, c'est l'horloge…

En regardant la montre qui enserre mon poignet, je me rends compte qu'elle ne me dit strictement rien sur celui qui l'a faite. En ce sens, plus le scientifique comprend le monde, moins il a de choses à dire sur son Créateur. C'est pourquoi Heisenberg parlait de « forme spécifiquement chrétienne de l'athéisme » dans son livre *La Nature dans la physique contemporaine*. Toutefois, en relisant récemment le texte de Heisenberg, je ne pus m'empêcher de dessiner un gros point d'interrogation en regard de la phrase qui suivait la formule : « expliquant ainsi du même coup pourquoi d'autres cultures n'ont pas connu semblable évolution ». Encore un qui ne connaissait rien aux scientifiques et aux philosophes arabes, me suis-je dit – sinon, il aurait remarqué que la position de beaucoup d'entre eux, en particulier d'Averroès, était une « forme spécifiquement musulmane d'agnosticisme »…

(Il faudrait demander à un expert de la culture chinoise si, en ce qui la concerne, l'idée de Heisenberg est pertinente. Trinh Xuan Thuan semble le penser : « Pour les

Chinois, le monde est engendré par l'effet réciproque et dynamique de deux forces polaires opposées, le yin et le yang. [...] Les Chinois ont inventé la poudre, la boussole et bien d'autres innovations techniques mais la science n'est pas née chez eux. Le concept d'un "dieu horloger" qui impose des lois strictes étant absent, ils ne se donnèrent pas la peine de rechercher celles-ci. »)

Mais la science est-elle alors entièrement détachée de la théologie ? Pas vraiment puisque Newton a encore besoin de Dieu. Ayant constaté des *perturbations séculaires* dans son modèle du système solaire, il pensait que Dieu était obligé d'intervenir de temps en temps pour corriger ces perturbations afin d'assurer la stabilité du système. Laplace, lui, se passera de Dieu et parachèvera ainsi son expulsion du monde.

9

Dieu et le démon de Laplace

Dans l'introduction de son *Essai philosophique sur les probabilités* (1814), Laplace écrit ceci :

Nous devons donc envisager l'état présent de l'univers comme l'effet de son état antérieur, et comme la cause de celui qui va suivre. Une intelligence qui pour un instant donné connaîtrait toutes les forces dont la nature est animée et la situation respective des êtres qui la composent, si d'ailleurs elle était assez vaste pour soumettre ces données à l'analyse, embrasserait dans la même formule les mouvements des plus grands corps de l'univers et ceux du plus léger atome : rien ne serait incertain pour elle, et l'avenir comme le passé serait présent à ses yeux.

L'esprit humain offre, dans la perfection qu'il a su donner à l'Astronomie, une faible esquisse de cette intelligence. Ses découvertes en Mécanique et en Géométrie, jointes à celle de la pesanteur universelle, l'ont mis à portée de comprendre dans les mêmes expressions analytiques les états passés et futurs du système du monde. En appliquant la même méthode à quelques autres objets de ses connaissances, il est parvenu à ramener à des lois générales les phénomènes observés, et à prévoir ceux que des circonstances données doivent faire éclore. Tous ces efforts dans la recherche de la vérité tendent à le rapprocher sans cesse de l'intelligence que nous venons de concevoir, mais dont il restera toujours infiniment éloigné. Cette tendance propre à l'espèce humaine est ce qui la rend supérieure aux animaux ; et ses progrès en ce genre distinguent les nations et les siècles, et font leur véritable gloire.

Curieux texte, en vérité. Laplace parle en termes élogieux de l'esprit humain (« perfection », « découvertes », « à portée de comprendre ») et de l'espèce humaine (« supérieure », « progrès », « gloire »), mais, par deux fois, il remet l'homme à sa place : son esprit n'est qu'une « faible esquisse de cette intelligence » et il en restera « infiniment éloigné ». L'adverbe « infiniment » est bien entendu primordial : c'est la transcendance qui est impliquée dans cette référence au paradoxe de l'infini. L'homme peut « se rapprocher sans cesse » de l'« intelligence que nous venons de concevoir », pour autant il ne s'en est pas approché d'un iota : le paradoxe est là.

Dans ce « tourment dont il ne connaîtra pas la fin » (Camus, *Le Mythe de Sisyphe*), faut-il imaginer l'homme heureux ? Oui, semble répondre Laplace, puisque c'est ce qui le fait homme, c'est sa « tendance propre ». Le lecteur ne peut manquer d'être perplexe. Laplace exalte-t-il l'homme ou bien le rabaisse-t-il ? On pense au fameux texte de Pascal et à sa question lancinante : « Qu'est-ce qu'un homme dans l'infini ? »

En réalité, Laplace voulait simplement défendre le déterminisme, en disant ceci : certes, l'homme n'est pas capable en toute rigueur de calculer lui-même « toutes les forces dont la nature est animée et la situation respective des êtres qui la composent », il n'est pas non plus capable de soumettre toutes ces données à l'analyse, mais pour autant l'univers *est* entièrement déterminé puisque nous pouvons concevoir, par une expérience de pensée, une intelligence qui ferait précisément tout cela.

Mais qui est, ou *quelle* est, cette fameuse « intelligence » dont parle Laplace ? On l'appelle généralement le « démon de Laplace », ce qui choque parfois ceux qui oublient que ce mot fait référence au *daïmon* de la mythologie grecque, ce qui lui donne une connotation neutre qu'il n'aurait pas si on l'utilisait dans le sens de l'être maléfique de la tradition judéo-chrétienne. Parfois, on l'appelle « génie » de Laplace, ce qui semble introduire l'esprit des *Mille et Une Nuits* au lieu de la mythologie et de la Bible. Quoi qu'il en soit, ce ne sont pas les mots de Laplace (le terme « démon » a été introduit par un commentateur), et ce n'est donc pas sans regret que nous sommes contraints de retirer l'insolente équation : « Dieu, c'est le démon de Laplace. »

Mais c'est peut-être parce qu'il n'est pas allé jusque-là que Laplace, sachant *raison garder*, n'a pas versé dans la déraison. Il n'exalte l'homme ni ne le rabaisse. En fait, il lui donne sa juste place.

Si on voulait entrer dans des subtilités dignes de la scolastique, on pourrait dire que si l'homme est capable de concevoir le démon, c'est qu'il se place à sa hauteur (c'est une forme de l'argument ontologique) : nous avons donc de nouveau la figure de l'homme « chétive pécore » qui se prend pour Dieu. Laplace ne semble pas soupçonner ce genre d'argutie ou peut-être n'est-ce pas son propos.

On pourrait objecter qu'il y a cette scène célèbre dans laquelle Laplace, en face de Napoléon, semble bien faire preuve d'*hubris* : « Comme le citoyen Laplace présentait au général Bonaparte la première édition de son *Exposi-*

tion du système du monde, le général lui dit : “Newton a parlé de Dieu dans son livre. J’ai déjà parcouru le vôtre et je n’y ai pas trouvé ce nom une seule fois.” À quoi Laplace aurait répondu : “Citoyen Premier consul, je n’ai pas eu besoin de cette hypothèse.” »

Le malentendu commence là.

10

Dieu, une hypothèse ?

Ce n'est pas ce que Laplace a dit. Pour comprendre sa réponse, il faut en connaître le contexte scientifique. Comme nous l'avons vu plus haut, Newton avait eu besoin de Dieu pour corriger les *perturbations séculaires* dans son modèle du système solaire. C'était là une pure supposition suggérée à l'illustre savant anglais par une vue incomplète des conditions de stabilité de son modèle. Cette supposition fut ainsi critiquée par Leibniz : « C'est avoir des idées bien étroites de la sagesse et de la puissance de Dieu ! »

Laplace, lui, pensait avoir compris mieux que Newton les conditions de stabilité du système solaire. Dieu n'avait plus besoin de se faire de temps à autre le plombier du système pour le rafistoler (ce qui correspond d'ailleurs à une certaine idée, aristotélicienne et cartésienne, de Dieu infiniment éloigné de ce monde auquel il s'est contenté de fournir les lois de la nature et la première pichenette pour le mettre en mouvement).

> Cette conception de Laplace m'a toujours paru plus conforme à la grandeur et à la dignité du Créateur que cette idée étrange que Dieu interviendrait constamment

(à chaque « seconde », chaque atome de temps), partout dans le monde (dans chaque atome d'espace), cette idée qu'on nomme *occasionalisme* et qui Lui fait plonger les mains dans le cambouis de la machine du monde. « Selon les Ach'arites, il n'y a pas d'ordre nécessaire des choses ; il y a, pour Dieu, une *habitude* de suivre un certain ordre mais cette habitude ne le contraint pas ; atomes, accidents et corps n'existent qu'à chaque instant, créés par Dieu – cet "occasionalisme" leur permet de sauver la toute-puissance divine. » (Benmakhlouf, p. 65)

Moi qui viens d'un pays dont la religion d'État a pour pendant théologico-philosophique l'ach'arisme, je constate avec perplexité que Thomas d'Aquin attaque les philosophes arabes ach'arites dans son *Contra gentes* : dire que tout découle de la volonté de Dieu, sans autre raison, c'est affirmer un arbitraire divin assez peu rassurant et faire preuve d'un irrationalisme naïf… Je dis « perplexité » car je me trouve sur ce point en accord avec saint Thomas. Suis-je un hérétique en mon propre pays ? Oui et non. L'ach'arisme, c'est pour la masse, la *'amma*, aurait dit Averroès. Il le rejetait, lui, pestant contre ces théologiens proches de la philosophie mais qui lui portent préjudice. Peut-être l'averroïsme remplacera-t-il un jour l'ach'arisme, quand nous serons tous devenus philosophes. Mais chut…

C'est donc en ce sens que Laplace a pu répondre à Napoléon que Newton avait à tort fait l'*hypothèse* de l'intervention de Dieu pour raccommoder de temps en temps la machine. Lui, Laplace, n'en avait pas eu besoin. Il l'explique ainsi : « La suprême intelligence que Newton fait intervenir, ne peut-elle pas l'avoir fait dépendre d'un phénomène plus général ? » (*Exposition du système du monde*, p. 523)

Autrement dit, qui peut le plus peut le moins : si on admet une « suprême intelligence », comment concevoir des imperfections dans son œuvre, pourquoi vouloir qu'elle y intervienne de temps à autre, au lieu d'admettre qu'elle a tout prévu (« un phénomène plus général ») et que ce sont les imperfections de l'esprit humain qui l'empêchent de voir ledit « phénomène plus général » ? Leibniz avait raison. Laplace avait raison.

La question n'était donc pas celle de l'*existence* de Dieu, mais du rôle qu'il joue dans l'Univers. On est loin de la démesure, de la folie. Laplace n'était pas athée ou agnostique. Quelles que soient les paroles réellement échangées avec Napoléon, il ajouta (pour préciser sa pensée ? pour ne pas prêter le flanc à la même critique ?) le nom « Dieu » dans les éditions suivantes de son *Exposition du système du monde*. Son ami le chimiste Dumas disait de lui : « Il a fourni aux matérialistes leurs plus spécieux arguments sans partager leurs convictions. » (Dumas, p. 255) Laplace mourut entouré de deux prêtres catholiques, après avoir reçu les derniers sacrements de l'Église.

Il mourut dans son lit, dans sa maison, pas à l'asile psychiatrique.

11

Poincaré, le chaos, l'événement fortuit

Les hommes n'en sauront rien.

Max ERNST

Il s'étonnait de ce que le hasard, qui prévoit tout, ne lui eût point ménagé une surprise.

Francis CARCO, *Les Innocents*

Un siècle après Laplace, Poincaré découvre un nouveau monde issu des équations de Newton et jusqu'alors inexploré : cela deviendra la « théorie du chaos ». Voici ce qu'il en dit dans l'introduction de son *Calcul des probabilités* :

Comment oser parler des lois *du hasard ? Le hasard n'est-il pas l'antithèse de toute loi ?* [...]. *Et d'abord qu'est-ce que le hasard ?* [...] *Pour trouver une définition, il nous faut examiner quelques-uns des faits qu'on s'accorde à regarder comme fortuits* [...]. *Le premier exemple que nous allons choisir est celui de l'équilibre instable ; si un cône repose sur sa pointe, nous savons bien qu'il va tomber, mais nous ne savons pas de quel côté ; il nous semble que le hasard seul va en déci-*

der. Si le cône était parfaitement symétrique, si son axe était parfaitement vertical, s'il n'était soumis à aucune autre force que la pesanteur, il ne tomberait pas du tout. Mais le moindre défaut de symétrie va le faire pencher légèrement d'un côté ou de l'autre, et dès qu'il penchera, si peu que ce soit, il tombera tout à fait de ce côté. Si même la symétrie est parfaite, une trépidation très légère, un souffle d'air pourra le faire incliner de quelques secondes d'arc ; ce sera assez pour déterminer sa chute [...].

Une cause très petite, qui nous échappe, détermine un effet considérable que nous ne pouvons pas ne pas voir, et alors nous disons que cet effet est dû au hasard. Si nous connaissions exactement les lois de la nature et la situation de l'univers à l'instant initial, nous pourrions prédire exactement la situation de ce même univers à un instant ultérieur. Mais, lors même que les lois naturelles n'auraient plus de secret pour nous, nous ne pourrions connaître la situation qu'approximativement. Si cela nous permet de prévoir la situation ultérieure avec la même approximation, c'est tout ce qu'il nous faut, nous disons que le phénomène a été prévu, qu'il est régi par des lois ; mais il n'en est pas toujours ainsi, il peut arriver que de petites différences dans les conditions initiales en engendrent de très grandes dans les phénomènes finaux ; une petite erreur sur les premières produirait une erreur énorme sur les derniers. La prédiction devient impossible et nous avons le phénomène fortuit.

Newton, Laplace et plus tard Einstein pourront bien écrire « l'équation du monde » et sembler ainsi s'égaler à Dieu, il restera l'événement fortuit *dont les hommes ne sauront rien.*

12

Et c'est ainsi que Laplace resta sain d'esprit

Revenons à Laplace. Son attitude suggère qu'il est possible d'éviter la folie qui guette le mathématicien en adoptant le point de vue suivant : « Certes, j'ai l'extraordinaire, l'inouï privilège de *comprendre* le mystère du monde (ou de le *voir*), mais cela ne veut pas dire que je sois en "prise directe" avec Dieu. Dieu reste *infiniment* éloigné (il y a sans doute d'autres façons de l'approcher...). En revanche, son œuvre, sa Création est bien tout autour de moi et je peux l'appréhender *more geometrico*, je peux lire ce "grand livre écrit en langage mathématique". »

La seule façon de connaître l'Artisan (Dieu), c'est d'étudier son Œuvre, disait Averroès dans le *Traité décisif*. Cette « mort de Dieu » est la condition première de toute démarche philosophique ou scientifique. Pourtant le divin ne disparaît pas, il entre dans une transmutation qui échappe à la religion. Il me semble que c'est dans cette voie que les mathématiciens, consciemment ou non, s'engagent. Est-ce parce que l'homme a *besoin* du divin ?

Mais comment réconcilier la froideur rationnelle de la démonstration mathématique, qui semble exclure tout rapport personnel avec Dieu, avec la foi, qui semble plutôt être faite d'abandon confiant, d'acceptation, d'adhésion *sans exigence de preuve* ?

Le cas Ramanujan donne une réponse surprenante à cette question.

13

Ramanujan le « voyant »

Ici, nous sommes donc en face d'un paradoxe. Voir la « face de Dieu » en contemplant les équations qui décrivent ce monde qu'il a créé est une chose, mais faut-il en passer par la démonstration ? Ceux qui n'ont besoin que de la foi n'en tireraient-ils pas argument pour se dire plus proches de lui ?

> Le Coran parle de la « preuve absolue » (*al-hujja al-bâligha*) qui est justement *refusée* au croyant pour qu'il ne vienne à Dieu que par la foi, par le « saut ». Le *credo quia absurdum* (« Je crois *parce que* c'est absurde ») joue, me semble-t-il, un rôle équivalent pour les chrétiens.

Alors, le mystique ou le simple croyant est-il, à cet égard, supérieur au mathématicien ? Non, serait-on tenté de dire, puisqu'il y eut Ramanujan.

Né en 1887 dans une famille de brahmanes, Srinivasa Aiyangar Ramanujan apprit les mathématiques à partir de deux livres qu'il s'était procurés avant ses seize ans : *La Trigonométrie plane* de Sidney Looney, et *Synopsis of Elementary Results in Pure Mathematics* de George Carr. Ces deux ouvrages permirent au génial autodidacte d'établir une grande quantité de résultats en théorie des nombres et dans d'autres domaines… tout en créant son propre système de représentation symbolique.

En 1913, il envoie une lettre à Hardy, laquelle contient une longue liste de formules et de théorèmes *sans démonstration*. Hardy, étonné mais méfiant, discute longuement avec son collègue John Littlewood de cette correspondance tombée du ciel. Les deux hommes finissent par admettre que leur mystérieux correspondant est un génie. Hardy décide alors d'inviter Ramanujan à venir en Angleterre. C'est le point de départ d'une correspondance fructueuse entre ces deux hommes qu'à première vue tout semblait séparer.

Tourmenté toute sa vie par des problèmes de santé, Ramanujan retourna en Inde en 1919 et mourut peu de temps après à trente-deux ans. Il laissa derrière lui des livres entiers de résultats non démontrés (toujours cet aspect « révélation »…) qui continuent d'être étudiés au début du XXIe siècle.

Ce qui est remarquable ici, c'est que Ramanujan *ne voyait pas l'intérêt des démonstrations*. Il semble même qu'il n'ait pas compris, au départ, ce que lui demandait Hardy, qui était d'une rigueur pointilleuse quand il s'agissait de prouver ce qu'on avançait. À quoi bon démontrer ce qu'il voyait comme « évidemment vrai » – on pense ici à la formule de Descartes, mais ce dernier envisageait des faits élémentaires, pas des équations redoutablement compliquées… Le *voyant* qu'était Ramanujan publia près de quatre mille formules qui furent démontrées par d'autres que lui. À propos de certaines de ces formules, Hardy déclara : « Un seul coup d'œil était suffisant pour se rendre compte qu'elles ne pouvaient avoir été pensées que par un mathématicien de tout premier rang. Elles *devaient* être vraies… »

Il ne s'agit pas ici de l'*intuition*, qui est essentielle au chercheur, mais du fait que Ramanujan *ne s'intéressait pas* aux démonstrations. Pour ce qui est de l'intuition mathématique, le passage suivant, fort connu, en constitue l'illustration parfaite : « Au moment où je mettais le pied sur le marchepied [de l'omnibus], l'idée me vint, sans que rien de mes pensées antérieures parût m'y avoir préparé, que les transformations dont j'avais fait usage pour définir les fonctions fuchsiennes [étaient] identiques à celles de la géométrie non euclidienne. » (H. Poincaré, *Science et Méthode*) Mais de telles épiphanies n'empêchaient nullement Poincaré de ne rien publier qu'il n'eût d'abord démontré – même s'il lui arrivait d'être parfois elliptique.

Mais comment Ramanujan pouvait-il *croire* à l'exactitude de ses formules s'il ne les avait pas démontrées ? La réponse est dans la question : il s'agissait effectivement de croyance, donc de *foi*. Ramanujan fait la jonction entre la foi et la raison, le mystique et le mathématicien...

La biographie que Robert Kanigel a consacrée à Ramanujan s'intitule *The Man Who Knew Infinity* – connaître l'infini par intuition, c'est être doublement prophète, c'est doublement tourner le dos à Aristote, pour qui a) l'infini n'était pas objet de savoir et b) « ce que nous appelons ici savoir, c'est la connaissance *par la méthode de la démonstration* » (*Seconds Analytiques*).

Hardy, qui aimait classer les mathématiciens sur une échelle de 1 à 100, devait par la suite s'attribuer une note de 25, donner 80 à David Hilbert et... 100 à Ramanujan ! L'apôtre de la rigueur accordant la perfection au « voyant », est-ce là un signe ? Mais de quoi ? D'un remords tardif, d'un repentir, de l'envie secrète de celui qui ne pouvait pas prendre l'autre voie ?

Il y a *a priori* un contraste saisissant entre l'attitude de Ramanujan et celle d'un Bertrand Russell, par exemple, qui affirmait crânement : « J'aime les démonstrations » (Monk, p. 6), réitérant ainsi l'attitude de tous les scientifiques. Russell disait que le jour le plus important de sa vie avait été celui où son frère Frank l'avait initié à la géométrie d'Euclide. Détail significatif pour ce qui nous intéresse ici : le jeune Bertrand (il avait onze ans) était fasciné par les démonstrations contenues dans les *Éléments* mais était décontenancé par les axiomes sur lesquels elles étaient basées. Les axiomes, par définition, ne sont pas démontrés, ils sont simplement admis. Le jeune garçon aurait voulu que tout fût prouvé, en d'autres termes qu'il n'y eût aucun axiome. Son frère le persuada (difficilement...) que c'était impossible. Et Russell de conclure que cette frustration, ce « doute quant aux prémisses des mathématiques » détermina tout le reste de sa carrière. Ne tenta-t-il pas, avec Withehead, de les refonder sur la logique ?

L'esprit religieux de Ramanujan lui faisait *croire* en ses formules. L'athéisme militant (ou le désir éperdu de certitude) de Russell demandait des preuves. On pourrait croire que ce sont deux attitudes contradictoires. Mais est-ce vraiment le cas ? Ramanujan croyait atteindre directement l'Artisan par une sorte d'union intellectuelle, comme les mystiques ; Russell passait par l'Œuvre comme le préconisait Averroès. Mais celui-ci n'ajoutait-il pas : plus la connaissance de l'Œuvre est poussée, mieux nous connaissons l'Artisan ? (Averroès, *Traité décisif*, p. 105.) Or quoi de plus poussé, de plus achevé, de plus parfait, qu'une démonstration ? Les chemins de Ramanujan et de Russell ne se rejoignent-ils pas, au fond ? Résurgence de la double vérité...

Heisenberg, contemporain des deux hommes, écrivit : « Je considère que l'ambition de dépasser les contraires, incluant une synthèse qui embrasse la compréhension rationnelle et l'expérience mystique de l'unité, est le mythos, la quête, exprimée ou inexprimée, de notre époque. »

Plus de mille ans avant Heisenberg, Farabi évoquait cette synthèse : « La fin de l'homme est d'entrer dans une union de plus en plus étroite avec la raison (l'intellect actif). L'homme est prophète dès que tout voile est tombé entre lui et cet intellect. Une telle félicité ne peut s'atteindre que dans cette vie. L'homme parfait [celui qui fait l'expérience mystique de l'unité] trouve ici-bas sa récompense dans sa perfection. »

14

Vérité mathématique et vérité physique

Je demandai un jour à M. Mir, notre professeur de physique de classe de math sup, pourquoi la mécanique que nous étudiions était dite « rationnelle ». Il réfléchit un instant et me répondit que c'était une construction de la *raison* – d'où l'adjectif « rationnelle ».

J'étais surpris.

— Mais, monsieur, si c'est une construction de la raison, elle ne représente donc pas le monde tel qu'il est ?

— C'est exact : les mouvements sont *idéalisés*. Par exemple, on ne tient jamais compte de la résistance de l'air en dynamique.

— Mais dans ce cas, quelle est la différence entre les maths pures et la mécanique ?

— Il n'y en a pas, au fond.

Cette réponse abrupte me plongea dans une perplexité qui allait durer plusieurs jours. Peut-être M. Mir ne m'avait-il dit cela que pour se débarrasser de moi et de mes questions incessantes. Il était pressé d'aller à son cours de vol à l'aéroport de Tit Mellil, dans la banlieue de Casablanca.

Cette anecdote – qui peut servir d'avertissement (« les choses ne sont pas si tranchées... ») – me revient en mémoire au moment où il devient nécessaire de distinguer entre vérité *mathématique* et vérité *physique*.

Ici aussi, comme dans l'averroïsme mais dans un tout autre sens, on pourrait parler d'une « double vérité du monde » : il y a les formules de mathématiques pures (qui expriment un soubassement *nécessaire* du monde) et il y a les formules de la physique mathématique qui expriment le monde en tant qu'*accident*.

15

Les mathématiques pures ou l'intellect divin

Élève d'un lycée français au Maroc, j'étais confronté chaque jour à deux récits du monde.

Quand j'étais dans ma famille, dans notre petite maison d'El-Jadida, j'entendais ma grand-mère expliquer ainsi les marées : l'océan fut autrefois un grand roi qui commit un jour le crime inexpiable de désobéir à Dieu. Celui-ci le transforma en millions de gouttes d'eau et l'obligea à se prosterner continuellement devant lui. C'était cela, le *déroulement infini de sa lame…*

Contre ce mythe (et bien d'autres), les Français m'enseignaient, pendant les jours de la semaine, la vraie nature des marées : quelque chose à voir avec l'attraction lunaire. Ils m'apprenaient aussi les mathématiques et s'amusaient parfois à les mettre en vers :

Le carré de l'hypoténuse
Est égal, si je ne m'abuse,
À la somme des carrés
Des deux autres côtés.

Entre sa mère et la justice, Camus choisissait sa mère. Entre ma grand-mère et les mathématiques, je choisissais, mauvais rejeton, ce qui peut être démontré. « Je crois que deux et deux sont quatre, Sganarelle, et que quatre et quatre sont huit. »

Le carré de l'hypoténuse... Le vénérable théorème de Pythagore, mis en vers ou non, est le plus connu des résultats des mathématiques modernes ; mais pour moi, la plus belle formule mathématique, la plus mystérieuse, la plus « divine », c'est l'identité d'Euler, mise en évidence dans son *Introductio in analysin infinitorum.*

$$\mathbf{e^{i\pi} = -1}$$

Cette équation « inconcevable » (pour parler comme Borges) met en scène cinq grandeurs mathématiques fondamentales – dont trois sont elles-mêmes « inconcevables » – et trois des opérations fondamentales en arithmétique (l'addition, la multiplication et l'exponentiation).

À elle seule, elle résume une grande partie des mathématiques. Le nombre transcendant e est la constante mathématique (2,71828...) qui est à la base du logarithme népérien, que l'on retrouve notamment en *analyse.* Le nombre imaginaire i représente l'*algèbre* : i est la source des nombres complexes. La constante d'Archimède, le nombre transcendant π, représente la *géométrie.* Les entiers 0, élément neutre de l'addition, et 1, élément neutre de la multiplication, représentent l'*arithmétique.* « C'est la combinaison improbable de ces cinq constantes qui rend belle cette équation » (Cédric Villani). Ce « étalon-or de la beauté mathématique » décore le Palais de la Découverte à Paris.

Benjamin Peirce, philosophe et mathématicien, écrivit à son propos : « C'est absolument paradoxal ; on ne peut pas la comprendre, on ignore ce qu'elle signifie, mais nous l'avons prouvée, et ainsi nous savons qu'elle doit être vraie. » Quand Mme Mercier, notre professeur du lycée Lyautey, la traça au tableau, nous fûmes plusieurs (dans notre classe de mathématiques supérieures) à être saisis. Peut-être avions-nous intuitivement compris que nous contemplions la face de Dieu…

En voici une interprétation mystique : si on l'écrit sous la forme $-e^{i\pi} = 1$, on voit à gauche $-e^{i\pi}$, une expression littéralement incompréhensible (comment un nombre transcendant peut-il être élevé à une puissance formée par le produit d'un imaginaire et d'un transcendant ?) – et pourtant *on la voit* ; et à droite, il y a l'unité, c'est-à-dire Dieu. On peut donc *voir* Dieu – mais sans pour autant le *comprendre*.

Que valait, au regard de cela, les niaiseries de la religion populaire, auxquelles nous étions confrontés quand nous rentrions « dans nos foyers », pendant les vacances ? Nous savions où la vérité se nichait.

C'est du moins ce que nous croyions.

16

Principes divins et lois du monde

« Si la beauté des mathématiques pures n'est pas à elle seule une voie assurée vers l'être, il reste au mathématicien la possibilité de transférer ses espoirs à la physique mathématique. » (B. d'Espagnat, *À la recherche du réel*, p. 24.) Certes. Mais la vérité du monde, si on la cherche dans la physique mathématique, est-elle dans les lois ou dans les principes (d'inertie, de moindre action, etc.) ?

L'apport crucial (et génial) de Newton aura sans doute été de distinguer clairement entre les deux. Les lois de la physique se présentaient avant lui comme des régularités empiriques se dégageant de la masse des faits, chacune d'elle régissant un domaine restreint de la « philosophie naturelle ». Newton introduisit des « principes » *universels* (seuls dignes de l'*unicité* de Dieu) auxquels la Nature se conforme partout. Les lois empiriques précédemment connues deviennent alors des conséquences logiques, mathématiques, de ces principes. Newton en proposa trois dans son *Philosophiae naturalis principia mathematica* de 1687 :

1. le principe d'inertie (c'est le principe de Galilée, affiné par Descartes et replacé dans le cadre de l'espace absolu) ;

2. le principe fondamental de la dynamique – une force constante appliquée à un corps lui imprime une accélération proportionnelle à sa masse ;

3. le principe d'action-réaction.

Ces trois principes (dits parfois « lois du mouvement de Newton ») déterminent la mécanique classique.

Cette quête de principes universels ne commence pas avec Newton : Descartes l'avait tentée avant lui. Mais « Descartes n'eut pas la chance, l'opportunité ou le génie de trouver les principes légitimes de la dynamique et [...] ceux qu'ils proposaient étaient partiels et même erronés. Sans doute aussi présumait-il de sa méthode, davantage soumise à la raison qu'à l'expérience ». (Omnès, p. 71)

Si l'on parle de « principes », Dieu n'est donc pas loin. Dans son *Principe de la moindre quantité d'action pour la mécanique* (1744), Maupertuis écrit : « L'Action est proportionnelle au produit de la masse par la vitesse et par l'espace. Maintenant, voici ce principe, si sage, si digne de l'Être suprême : lorsqu'il arrive quelque changement dans la Nature, la quantité d'Action employée pour ce changement est toujours la plus petite qu'il soit possible. »

Autrement dit, mettre au jour les principes, c'est, de nouveau, voir la face de Dieu.

Notons ici que Newton, qui détestait Descartes, a accompli, au moins partiellement, le « projet cartésien » – c'est le nom donné par Husserl et Heidegger à l'idée que la nature obéit à des principes universels et, surtout, que ceux-ci s'expriment par la logique et les mathématiques. « C'est une idée qui a quelque chose de fou », note Omnès, qui ajoute : « Comment peut-on présumer que la multitude des objets et des phénomènes de la nature, leur diversité fourmillante à la mesure de la poésie et de la fantaisie, que tout cela puisse se ranger sous une férule de fer ? » (Omnès, p. 71)

On peut le présumer, justement, parce que cette « idée folle » n'est que le pendant profane de l'idée, essentielle pour les mystiques, d'*unicité* de Dieu.

C'est véritablement l'alpha et l'oméga.

17

Maxwell ou la Face *incompréhensible* de Dieu

Les ondes électromagnétiques, c'est conceptuellement incompréhensible mais c'est efficace.

Evariste SANCHEZ-PALENCIA

Je n'oublierai jamais ce jour d'octobre où notre professeur de physique entra d'un pas solennel dans la salle où nous l'attendions, jeta un coup d'œil circulaire sur nous, « taupins » studieux, un coup d'œil que je ne puis qualifier autrement que d'impérial, prit une craie dans la large rainure qui semblait souligner le tableau noir puis écrivit sur celui-ci ces quatre équations :

$$\mathrm{div}(\vec{E}) = \frac{p}{\epsilon_0}$$

$$\mathrm{div}(\vec{B}) = 0$$

$$\vec{\mathrm{rot}}(\vec{E}) = -\frac{\partial \vec{B}}{\partial t}$$

$$\vec{\mathrm{rot}}(\vec{B}) = \mu_0 \vec{J} + \frac{1}{c^2}\frac{\partial \vec{E}}{\partial t}$$

C'est ainsi que commença le cours d'électromagnétisme. Quatre équations vectorielles aux dérivées partielles qui formaient un bloc incompréhensible. Je crus entendre derrière moi un soupir, sans doute celui de la *créature opprimée* qu'évoque quelque part Karl Marx. Quelques-uns parmi nous décidèrent, à cet instant précis, d'abandonner les classes préparatoires et d'aller étudier en faculté quelque matière moins éthérée.

J'en veux à ceux qui présentent ainsi la physique et la rendent rédhibitoire. En effet, Maxwell a réalisé en 1865 une synthèse harmonieuse des diverses lois *expérimentales* découvertes par ses prédécesseurs, en particulier Ampère et Faraday. C'était donc par ces lois qu'il fallait commencer, en décrivant le long cheminement qui y a mené, et il fallait aussi évoquer lesdits prédécesseurs par quelques détails biographiques donnant de la chair et du sang à tout cela. Après tout, chaque équation de Maxwell a un nom composé : Maxwell-Gauss, Maxwell-Faraday, Maxwell-Thomson, Maxwell-Ampère. Maxwell a repris leurs travaux et son génie mathématique lui a permis de les condenser en quelques équations. (Cela dit, il faut rendre au prestigieux Écossais ce qui lui est dû : cette synthèse n'a été possible que parce qu'il sut dépasser ses illustres devanciers en introduisant dans une équation un chaînon manquant – le « courant de déplacement » qui assure la cohérence de l'ensemble.)

Maxwell publia en 1865 sa théorie sous la forme de vingt équations à vingt inconnues. En 1873, dans *A Treatise on Electricity and Magnetism*, il réécrivit l'ensemble sous la forme de huit équations. Ce n'est que plus tard que Heaviside réduisit ce système sous la forme des quatre équations que nous connaissons maintenant. Raison de plus pour ne pas commencer par là !

Cette façon de présenter les équations de Maxwell recèle un danger : l'étudiant qui en ignore la longue histoire pourrait prendre Maxwell pour une sorte de prophète qui aurait « vu », en une illumination miraculeuse, son système d'équations – un peu comme Ramanujan « voyait » ses fascinantes formules. Ce mode d'exposition ne peut donc que conforter la folie du type « voir la face de Dieu ».

J'ai toujours été frappé par le fait que les hauts cadres et dirigeants des organisations islamistes sont souvent des ingénieurs et rarement des anthropologues (ces derniers connaissent la *relativité* des cultures et des croyances...). Mohamed Morsi, qui fut un éphémère président de l'Égypte, était ingénieur en génie civil tout comme le premier chef de gouvernement islamiste du Maroc, Abdelilah Benkirane. C'est que le savoir scientifique exposé comme une suite de « révélations » conforte une vision du monde où il n'y aurait pas deux vérités mais une seule, celle de la Révélation. Le savoir scientifique lui-même ressortirait de cette dernière. On est donc aux antipodes de la vision rationaliste d'Averroès...

Cela dit, la présentation « formaliste » des équations de Maxwell a peut-être pour objet d'inculquer aux étudiants cette idée ainsi résumée par Omnès (p. 90) : « Maxwell marque la charnière de la mutation de la physique. La physique classique vient de trouver son terme, si l'on entend par là une physique explicative où la réalité est représentée visuellement de manière entièrement accessible à l'intuition. Elle vient d'être remplacée [...] par une physique formelle où les concepts de base (les champs, dans le cas présent) sont fortement mathématisés et où, surtout, les principes [ici, les équations elles-mêmes] sont devenus purement formels et mathématiques. » Richard Feynman, prix Nobel célèbre pour les cours lumineux qu'il donnait à l'université, avertissait ses étudiants : il est impossible d'*imaginer* entièrement le champ électromagnétique. Et Omnès de conclure : « En fait, après Maxwell, le contenu de la physique n'est plus vraiment quelque chose que l'on puisse entièrement se représenter par l'imagination et transmettre par le langage ordinaire. [...] Alors que Voltaire pouvait expliquer Newton, aucun philosophe, si disert qu'il soit, ne contera jamais Maxwell à une aimable marquise. »

Pour la pensée humaine, il y a un « avant » et un « après » les équations de Maxwell.

Le monde se dérobe. On y reviendra.

18

L'équation du monde

> — *Quelle aurait été votre réaction si les observations avaient infirmé votre théorie ?*
> Einstein :
> — *J'en aurais été navré pour Dieu car la théorie est exacte.*

L'équation de la relativité générale d'Einstein, c'est l'équation du monde :

$$G_{\mu\nu} = 8\pi G T_{\mu\nu}$$

Elle trône, encadrée, sur mon bureau. Je la regarde parfois et je suis, chaque fois, saisi par sa beauté. Elle est véritablement *unique*. À gauche, il y a la géométrie du monde – *la forme de l'univers*. À droite, il y a tout ce qu'il y a dedans (les masses et les énergies), vous, moi, cette table, toutes les étoiles, les planètes, les galaxies, donc *tout l'univers*. Le signe d'égalité entre les deux signifie ceci : l'univers *définit* l'espace-temps qui le contient (sans univers, il n'y a ni espace ni temps) et l'espace-temps *contraint* l'univers, il lui impose sa géométrie, sa courbure en chaque point, la forme de ses « lignes droites » – ses géodésiques.

> Il y a une certaine ironie ici… « M. Einstein veut remplacer la physique par la géométrie mais le premier venu dans les rues de Göttingen sait plus de géométrie que lui », s'exclama un jour David Hilbert en riant. Il est vrai qu'Einstein était plus physicien (« intuitif ») que mathématicien, mais tout est relatif, c'est le cas de le dire : ses capacités dans ce domaine étaient largement au-dessus de celles du commun des mortels.

Il n'y a pas quelque chose *dans l'espace et le temps* (d'où la question éternelle de la philosophie : « Pourquoi quelque chose plutôt que rien ? ») mais il y a le monde-l'espace-le temps, et c'est une seule et même chose.

Cette équation permet aussi d'affirmer avec Einstein que *l'univers est fini mais illimité*, ce qui met un terme aux spéculations, paradoxes et antinomies philosophiques relevés dans les chapitres précédents. La formulation est simple mais elle exprime une idée aussi profonde qu'ardue. Pour Einstein, l'espace de Newton, cette immense « boîte » à trois dimensions qui contient « tout » (toutes les masses, toutes les énergies…), n'existe pas. L'espace (plus précisément *l'espace-temps*) est *créé, formé, déformé* par les masses et les énergies qu'il contient. Aller « en ligne droite » vers l'infini n'a donc aucun sens puisque la ligne droite (au sens usuel, euclidien, du terme) n'est qu'une illusion. Tout objet qui irait « droit devant soi » parcourrait en fait une ligne épousant les déformations de l'espace-temps (une « géodésique ») et ces déformations le maintiendraient indéfiniment dans l'espace-temps. Il n'irait donc pas à l'infini [d'où la première partie de la formule, « l'espace est fini »] mais pour autant il ne rencontrerait jamais de limite physique, il continuerait toujours d'avancer quitte à repasser éventuellement par les mêmes points [d'où la deuxième partie de la phrase : « … mais illimité »].

Oui, c'est vraiment une équation unique – en somme, l'espace-temps défini par Tout, c'est l'Un que tente d'atteindre les mystiques, dans lequel ils veulent se fondre, s'anéantir – le *f'na* des soufis.

Il m'arrive aussi de me demander ce que Pascal en aurait pensé, lui qui a écrit ces lignes que nous avons tous lues au lycée : « L'homme n'est qu'un roseau, le plus faible de la nature ; mais c'est un roseau pensant. Il ne faut pas que l'univers entier s'arme pour l'écraser : une vapeur, une goutte d'eau suffit pour le tuer. Mais quand l'univers l'écraserait, l'homme serait encore plus noble que ce qui le tue, parce qu'il sait qu'il meurt, et l'avantage que l'univers a sur lui. L'univers n'en sait rien. » Pascal, scrutant l'équation d'Einstein, aurait peut-être récrit sa célèbre phrase : « Mais quand l'univers l'écraserait, l'homme serait encore plus noble que ce qui le tue, *parce qu'il en connaît l'être et la raison ultime.* »

Oui, à contempler cette équation, on peut avoir le souffle coupé. Dans la rue, en contrebas, je vois des gens passer, pressés ou flâneurs. Certains imaginent sans doute que Dieu est une espèce de géant à barbe blanche, perché sur un cumulo-nimbus, s'intéressant à la longueur des jupes des jeunes filles ou au type de viande (casher ? halal ?) que mastique cet ouvrier perché sur un échafaudage… Quelle niaiserie ! Spinoza ou Einstein (justement…) le verraient plutôt comme la somme des lois de la physique mathématique On n'a jamais vu de Dieu géant barbu ailleurs qu'au plafond de la chapelle Sixtine – mais qui peut nier que les lois de la physique existent ?

On ne se lasse pas de regarder l'équation d'Einstein. Ces implications philosophiques sont vertigineuses. Einstein lui-même les esquisse ainsi : « C'est pourquoi je suis d'avis que les philosophes commettent un acte des plus pernicieux en soustrayant certains concepts fondamentaux de la science au domaine empiriquement utile, accessible au contrôle, et en les plaçant dans la région de la nécessité logique (l'*a priori*). [...] Ceci est particulièrement vrai de nos concepts de temps et d'espace, que les physiciens – forcés par les faits – ont été obligés de faire descendre de l'Olympe de l'*a priori* pour les remanier et les rendre utilisables. » (Einstein, 1921, p. 3)

Explicitons cette citation. L'espace-temps que décrit cette « équation du monde » a, en chaque point, une « courbure » déterminée par la matière qu'il contient, c'est-à-dire par les « objets ». Pour Kant, l'espace n'était qu'une condition de possibilité des phénomènes, une représentation *a priori* de notre esprit ; le temps non plus n'était pas quelque chose qui existe en soi mais seulement un cadre de représentation qui précède perception et intuition. Or l'équation d'Einstein donne l'espace-temps *comme « production » des objets*. Tout le cadre conceptuel de Kant vole en éclats.

Bien sûr, des rabat-joie pourraient rétorquer qu'aucune équation de la physique ne peut donner la vérité du monde puisqu'une théorie est, par définition, provisoire – voir Popper et sa doctrine de la « réfutation ». Déjà, la matière noire et l'énergie noire semblent remettre en cause l'équation d'Einstein. Pourtant, il y a quelque chose en nous qui refuse l'idée qu'un jour cette équation soit déclarée obsolète, dépassée... Une preuve ? Nous n'en avons pas. Oui, c'est de l'ordre de la foi...

En tout cas, cette équation clôt le débat sur l'infini actuel (en ce qui concerne l'univers). À la fin de ses quatre conférences de Princeton, Einstein conclut : « L'idée de Mach que l'inertie repose sur l'action des corps les uns sur les autres est [...] contenue dans les équations de la théorie de la relativité. [...] Mais seul un univers fini s'harmonise parfaitement avec l'idée de Mach, et non pas un univers quasi euclidien et infini. Un univers infini n'est possible que si la densité moyenne de la matière se réduit à zéro. »

Par ce raisonnement par l'absurde, Einstein conclut que l'univers est fini. Mais il est illimité comme dit plus haut : on peut toujours aller droit devant soi (ce « droit devant soi » n'étant pas une droite au sens d'Euclide) sans jamais rencontrer un « bord ». Voilà la réponse définitive à un paradoxe qui avait obsédé les Grecs antiques. (« Si j'arrive au bord de l'Univers et que je tends la main "au-dehors", que se passe-t-il ? » demandait Archytas de Tarente. Pas de bord, pas de paradoxe.)

Et pourtant, il m'arrive parfois, en regardant cette magnifique formule, de laisser glisser mon regard sur l'agitation de la rue, le tram qui passe, ce couple qui flâne, main dans la main. On dirait que quelque chose manque.

Le sens, peut-être ?

19

Et le sens, dans tout ça ?

Steven Weinberg estime, dans *Les Trois Premières Minutes de l'Univers* (Seuil, 1988), que « plus on comprend l'univers, plus il nous apparaît vide de sens ». Cette phrase est ambiguë parce qu'elle semble avoir comme corollaire celle-ci : « Moins on comprend l'univers, plus il fait sens » qui résonne comme un programme *pervers* d'éducation de la jeunesse (au moment où j'écris ces lignes, la radio m'informe que la Turquie vient de bannir Darwin de l'enseignement secondaire…) et qui rappelle le « abêtissez-vous » de Pascal – tous les intégrismes se ressemblent.

À l'École nationale des ponts et chaussées, à Paris, j'avais un condisciple marocain qui était une sorte de génie de la physique quantique. Il était parfaitement à l'aise avec l'équation de Schrödinger ou les diagrammes de Feynman et obtenait régulièrement les meilleures notes aux examens. Il ne fit pas une carrière d'ingénieur mais se consacra à l'enseignement de la physique dans une grande école de Rabat. Plusieurs années après nos études aux « Ponts », je rencontrai lors d'un colloque ce jeune homme très pieux – il ne ratait aucune des cinq prières quotidiennes – et qui était donc devenu professeur, et je me mis à le titiller sur l'adéquation de la vision quantique de l'Univers et des fulgurances poétiques de son Livre. Il m'interrompit et me demanda de sa voix douce quel était le problème ? Je lui répondis ceci : tout l'Univers peut être décrit par des équations (Newton, Maxwell, Einstein, Schrödinger…) qui ne font nulle part intervenir l'homme ; or tous les Livres qui fondent les religions ne parlent que d'une chose : l'homme. N'y a-t-il pas là un hiatus, une béance formidable ? Que ceux qui ne connaissent aucune des « équations du monde » fondent leur foi sur un Livre, ça, on pouvait le comprendre. Mais lui, qui connaissait et comprenait mieux que quiconque ces fameuses équations ? Comment pouvait-il concilier la science qui explique parfaitement l'Univers sans jamais faire intervenir *Homo sapiens* avec une vision du monde plutôt archaïque où l'homme est l'alpha et l'oméga de tout ce qui a été, est ou sera ?

Il commença par me répondre que l'homme, en tant qu'observateur, intervient bien quelque part en physique quantique. Puis, poussé dans ses derniers retranchements, il me fit la réponse la plus inattendue qui soit : « J'enseigne effectivement la quantique et la relativité, je crois être celui qui les connaît le mieux au Maroc, mais au fond, *je n'y crois pas*. Je crois en Dieu, point. »

Cette réponse me laissa bouche bée. Il s'agissait donc d'un cas inouï de « double vérité » qui prenait le contrepied de tout ce que les plus grands esprits du passé avaient conclu. Décidément, il est temps d'introduire Averroès dans l'enseignement des pays musulmans.

Pour ce qui est du sens, Camus avait parfaitement exprimé le problème dans *Le Mythe de Sisyphe* : « Je disais que le monde est absurde et j'allais trop vite. Ce monde en lui-même n'est pas raisonnable, c'est tout ce qu'on en peut dire. Mais ce qui est absurde, c'est la confrontation de cet irrationnel et de ce désir éperdu de clarté dont l'appel résonne au plus profond de l'homme. L'absurde dépend autant de l'homme que du monde. Il est pour le moment leur seul lien. Il les scelle l'un à l'autre comme la haine seule peut river les êtres. »

Mais pourquoi dire que le monde n'est pas « raisonnable » ? Au contraire, il ne l'est que trop, exprimé avec la plus grande rigueur par la physique mathématique. Ce n'est qu'à l'échelle de l'homme, des destins individuels marqués par le hasard, les coups du sort, les contretemps et les avanies, le scandale de la mort, que le monde n'est pas raisonnable.

Malgré tout, le complément de Camus à la phrase de Weinberg semble clore le débat. Il y aurait d'un côté « la » compréhension de l'Univers (par la science) et de l'autre l'affirmation qu'en dépit de cela, il reste « absurde » au niveau de l'homme.

La science serait en quelque sorte dédouanée du « vide de sens » constaté par Weinberg. L'homme et son désir de clarté (« éperdu », dit Camus, mais « intempestif » serait tout aussi juste), l'homme serait responsable dans cette affaire. Mais on peut voir les choses différemment. Et si la science elle-même jouait un rôle dans une certaine absurdité contemporaine ? Rey l'exprime ainsi : « On allait voir ce qu'on allait voir : sitôt la science moderne apparue les objectifs ont été grandioses. Elle allait être la vraie philosophie, en révélant le monde tel qu'il est ; elle allait soulager la peine des hommes, en les rendant maîtres et possesseurs de la nature ; elle allait les rendre heureux, en les installant à la place qui leur revient dans la création. » (Rey, p. 9)

Quatre siècles plus tard, où en sommes-nous ? « Maîtres et possesseurs de la nature », nous le sommes, au moins partiellement – mais c'est pour mieux la détruire… (La citation exacte de Descartes est « *comme* maîtres et possesseurs », elle reflète mieux un certain degré d'*illusion* dans ce projet.) La science révèle le monde tel qu'il est mais le comprenons-nous vraiment ? Les équations de Maxwell et celle de Schrödinger, pouvons-nous vraiment dire que nous savons ce qu'elles signifient ? N'ont-elles pas mis fin à une certaine connivence que nous avions avec le monde qui nous entoure, un certain enchantement du monde ? La vie avait-elle un sens quand nos ancêtres vivaient dans l'émerveillement quotidien devant un monde « incompréhensible » mais avec lequel ils avaient des rapports magiques ?

Est-ce pour cela que Gödel, l'un des plus grands mathématiciens de tous les temps, se mit à voir des fantômes ? Est-ce pour cela que Grothendieck, un autre génie, crut recevoir des messages de la « divinité » ? Est-ce parce que le sens s'est perdu ?

20

L'équation du monde « infinitésimal »

$$ih\frac{\partial\Psi}{\partial t} = -\frac{h^2}{2m}\frac{\partial^2\Psi}{\partial x^2} + V(x)\Psi(x,t) \equiv \tilde{H}\,\Psi\,(x,t)$$

C'est en quelque sorte l'équivalent, pour le monde de l'infiniment petit, de l'« équation du monde » d'Einstein, qui explique l'Univers à grande échelle. Celle-ci apporte un éclairage sur le comportement des atomes et des particules subatomiques. Elle décrit l'évolution dans le temps d'une particule, ou plutôt les états de cette particule à partir desquels il est possible de décrire tous les états composés. Si cette définition semble obscure, c'est parce qu'elle l'est : « Peut-on exprimer par des mots ce que recèle cette magique équation de Schrödinger ? Il semble hélas que non, et on est encore une fois plongés dans une physique formelle. » (Omnès, p. 229)

Je me souviens du regard malicieux de M. Spenlehauer, notre professeur de physique, pendant qu'il regardait notre classe de « taupins » après avoir tracé ces hiéroglyphes au tableau noir. « Voilà qui va nous occuper longtemps ! » semblait-il nous dire. Je me souviens aussi de ce qu'il nous déclarait, quand il nous voyait un peu perdus dans la résolution d'un problème particulièrement « trapu » (comme nous disions) lié à cette équation : « N'essayez pas de comprendre, messieurs ! Laissez-vous guider par le formalisme. »

> Cela sonnait comme un lointain écho de la fameuse injonction de d'Alembert à l'usage de ceux qui doutaient des vertus et de la véracité du calcul infinitésimal : « Allez en avant, et la foi vous viendra ! »

« Laissez-vous guider par le formalisme… » Voyons cela de plus près.

III

AU-DELÀ DU MONDE : DÉPASSER DIEU

I am interested in mathematics only as a creative art.

G. H. HARDY

En lisant un texte de Cédric Villani, cet été, je suis tombé sur cette phrase qui m'a plongé dans un abîme de réflexion : « Dans ma thèse, j'avais montré qu'il existe des objets impossibles. »

Je ne sais pas dans quelle mesure l'aimable mathématicien y manie l'humour mais sa phrase me semble constituer un excellent sujet pour l'épreuve de philosophie du baccalauréat scientifique. Elle contient au moins quatre termes qui semblent poser problème et s'entrechoquer comme autant de molécules agitées d'un affolant mouvement brownien : « montré », « existe », « objets », « impossibles ».

L'homme peut-il montrer qu'il existe des objets impossibles? (L'homme peut-il dépasser Dieu?) Qu'est-ce que « montrer » ? « Exister », c'est quoi? Qu'est-ce qu'un « objet » ? Que signifie « impossible » ?

En tout cas, c'est une excellente introduction à notre troisième partie.

1

Le formalisme

Il y a plus de choses au ciel et sur la Terre, Horatio, que dans toute votre philosophie.

SHAKESPEARE, *Hamlet*

Il y a moins de choses au ciel et sur la Terre que dans toute notre philosophie.

Bertrand RUSSELL,
Lectures on Logical Atomism

Les mathématiques sont nées à l'échelle du monde, ou du moins à celle d'une partie du monde, celle dans laquelle se trouvaient quelques hommes aux prises avec un problème concret, local. C'est pourquoi les origines de la géométrie se trouvent chez les Babyloniens et les Égyptiens : pour ceux-ci, par exemple pour les fonctionnaires du pharaon Sesostris au IIe millénaire avant l'ère chrétienne, il s'agissait de « redessiner le cadastre » après la crue annuelle du Nil. Il fallait quelques notions de géométrie et des techniques d'arpentage éprouvées pour que chacun pût retrouver son champ après le reflux des eaux et la disparition des bornes. Il s'agissait aussi de recalculer, après la crue, un impôt équitable et proportionnel à la richesse de chacun, évaluée d'après la surface de son champ. La géométrie était donc au service du droit. Il n'y avait aucune fantaisie là-dedans... De même, l'astronomie est née de besoins concrets, aussi bien chez les Babyloniens que chez les Incas ou les Mayas. Dans tous ces cas, il s'agissait de représenter la Terre, le ciel et les étoiles et de calculer certaines grandeurs liées à eux.

Dans une deuxième phase, et avec l'invention du calcul infinitésimal et de la mécanique rationnelle, l'homme inventa des instruments de plus en plus performants et l'objectif devint bien plus ambitieux puisque l'ambition était en somme de *comprendre Dieu*. Cela dit, il s'agissait encore de représenter ce monde-ci, cet univers, que ce soit avec l'équation de Newton ou celle d'Einstein. On pourrait dire, en sollicitant un peu le sens de cette profonde pensée de Hegel, que « chacun veut et croit être meilleur que ce monde qui est le sien mais celui qui est meilleur ne fait qu'exprimer mieux que d'autres ce monde même. »

Cependant une nouvelle phase apparaît dans l'histoire des mathématiques. Le formalisme va détacher progressivement celles-ci de toute nécessité de représenter quoi que ce soit. La fameuse boutade de Bertrand Russell (« Les mathématiques [sont] le domaine dans lequel on ne sait pas de quoi l'on parle ni si ce qu'on dit est vrai ») prendra alors tout son sens. « On ne sait pas de quoi on parle » signifie qu'il n'y a rien dans le monde concret, autour de nous, qui corresponde à notre parole (la proposition mathématique que nous énonçons) ; « ni si ce qu'on dit est vrai » signifie que nous ne pouvons pas trouver dans le monde un critère de vérité extérieur à notre proposition : le seul critère sera celui de la logique.

Cela dit, ce critère de vérité (la logique) se trouve malgré tout *dans le monde,* mais en un sens plus profond – il en constitue même le cœur, l'armature. Bertrand Russell l'exprime ainsi : « Les philosophes ont généralement considéré que les lois de la logique [...] sont des lois de la pensée, des lois qui régissent le fonctionnement de notre esprit. Mais cette opinion abaisse grandement la vraie dignité de la raison : celle-ci cesse d'être l'instrument de la recherche de l'essence immuable de tout ce qui existe. » (*Mysticism and logic,* 1918) Cette « essence de tout ce qui existe », c'est donc la logique, ce sont donc les lois de la logique. « Pareille au diamant, elle est pure transparence et matière la plus impénétrable, capable d'imprimer sa marque sur tout. » (Omnès, p. 32) Il n'est donc pas étonnant que Russell ait tenté de fonder toutes les mathématiques (autre vérité du monde) sur la logique.

La nature des mathématiques se précise alors : au-delà de la distinction entre « algébristes » et « géomètres », ce n'est ni l'étude des nombres ni celle des figures géométriques (ce que *sont* les choses) qui constituent l'*essence* de la « reine des sciences », mais plutôt l'étude (ou l'exploration, ou la méditation...) des relations *logiques* qui existent entre des « concepts » – sans se préoccuper de ce qu'il pourrait « représenter ». C'est ce qu'on appellera le formalisme.

L'école « intuitionniste », dont Brouwer (1881-1966) fut le principal artisan, s'opposait aux excès du formalisme et voulait restreindre le domaine des mathématiques à ce qui est *représentable par l'imagination.*

C'est avec le formalisme qu'apparaît donc la troisième forme de « folie » que nous distinguons ici. On pose quelques axiomes et puis on s'embarque dans un voyage sans retour dans une construction de plus en plus sophistiquée sans jamais se poser la question : ce concept, ce calcul, ce théorème ont-ils le moindre rapport avec l'univers qui m'entoure ?

2

Au-delà de l'Incarnation

Notons que cela va bien au-delà de l'idée que ces mathématiciens seraient « platoniciens », comme on le dit souvent. Si le formalisme est bien, par définition, la pure étude de la forme, les fameuses « idées » de Platon (*eidos* en grec ancien signifiant « forme »), ce dernier voyait dans le monde « de la génération et de la corruption », ce monde qui est le nôtre, les innombrables réalisations des idées. Or cette concrétisation n'intéresse nullement le formalisme mathématique. Il reste dans le pur ciel des idées. Le Verbe ne se fait jamais chair. Il n'y a pas d'Incarnation.

Bien sûr, il se peut qu'il y ait parfois ce qu'on pourrait appeler une « incarnation malgré eux » de certains fruits du formalisme. Lorsque Cardan et Bombelli, au XVIe siècle, ont conçu des nombres « imaginaires » parfaitement inconcevables (des racines carrées de nombres négatifs !), comment auraient-ils pu imaginer – c'est le cas de le dire – que leurs *monstres* deviendraient des nombres à part entière au cours du XIXe siècle quand ils s'incarnèrent (entre autres) dans la représentation de l'électricité, ce phénomène on ne peut plus réel…

Dans *Les Désarrois de l'élève Törless* de Robert Musil, ledit Törless se tourmente à propos des nombres imaginaires. Comment peut-on utiliser dans le calcul quelque chose qui n'existe pas (la racine carrée de – 1) pour retomber sur ses pieds et arriver à des nombres « parfaitement solides » ? Il en est désespéré : « Naguère, tout était clair et parfaitement en ordre dans ma tête ; maintenant, mes pensées me font l'effet de nuages entre lesquels il y aurait des trous… Les mathématiques ont sûrement raison mais qu'en est-il de mon esprit ? »

Mais pourquoi parler de folie ? Eh bien, si Dieu a fait un monde à trois ou quatre dimensions, le mathématicien, lui, peut concevoir un univers à six, dix, douze dimensions… et même à une *infinité de dimensions*. Il peut imaginer des objets « impossibles ». C'est en ce sens que nous pourrions aussi dire de cette folie qu'elle équivaut à vouloir dépasser Dieu.

En fait, « concevoir » est un verbe ambigu ici. Poincaré notait, avec un soupçon d'ironie, dans *La science et l'hypothèse* : « Quelqu'un qui y consacrerait son existence pourrait peut-être arriver à se représenter la quatrième dimension. » Disons que le mathématicien « conçoit » l'existence de ces dimensions supérieures sans pouvoir se les représenter.

Qu'aurait pensé Pascal, qu'effrayaient les deux infinis au centre desquels sa pauvre carcasse souffrait mille morts, de ces « infinités d'infinis » qui apparaîtront dans le cerveau survolté de ses lointains successeurs ?

Mais dépasse-t-on jamais Dieu ?

3

Découvrir et inventer

Dépasse-t-on jamais Dieu ? La question du formalisme se rapporte finalement à celle-ci, qui est ancienne : l'homme crée-t-il les objets et les vérités mathématiques ou bien les découvre-t-il ? Autrement dit, les vérités préexistent-elles, même si on ne les connaît pas encore ?

Dans le premier cas, oui, il y aurait une forme d'*hubris* à créer quelque chose qui serait hors de ce monde. On serait l'égal du Créateur. Les mathématiciens seraient allés au-delà de son Œuvre : ils auraient créé un univers encore plus vaste, qui contient celui-ci, mais le dépasse en complexité et en étrangeté.

Pour un mathématicien contemporain (M. Launay in *Mathématiques,* p. 7), les choses sont claires : « Son principe [celui des mathématiques] est l'étude par le raisonnement logique d'objets purement abstraits et des relations qui les lient. Par "abstraits", entendez "qui n'existent pas". »

Hardy voyait les choses autrement : « Je crois que la réalité mathématique existe en dehors de nous et que notre fonction est de la découvrir ou de l'observer. Les théorèmes que nous prouvons et dont nous disons de façon grandiloquente qu'ils sont notre création ne sont en fait que les annotations de nos observations. » (*A Mathematician's Apology*, 1941) C'est la position « platonicienne » souvent adoptée par les mathématiciens. De ce point de vue, les géométries non-euclidiennes existaient déjà *dans* les *Éléments*. Encore fallait-il les voir…

Si l'on croit en un Dieu personnel, omniscient, la réponse est évidente : tout est déjà là, « dans sa tête » comme disait Erdős, et on ne fait que les redécouvrir. Dans ce cas, la « folie de dépassement » se ramène au cas précédent, c'est-à-dire celui de la « face de Dieu ».

D'une certaine façon, on retrouve également le premier cas étudié, celui de l'infini – mais sous une autre forme : « En un sens, dit le même Erdős, les mathématiques sont la seule activité humaine infinie. Il est concevable que l'humanité puisse au bout du compte tout apprendre en physique ou en biologie. Mais l'humanité ne pourra certainement jamais tout découvrir en mathématiques, car le sujet est infini. […] C'est la raison pour laquelle seules les mathématiques m'intéressent. »

Au « Il n'y a jamais rien de nouveau dans la nature » de Hegel (on pourrait théoriquement la connaître entièrement), Erdős oppose donc un « Il y a une infinité de nouveautés dans les mathématiques ». On estime que les chercheurs « produisent » un million de nouveaux théorèmes tous les quatre ans…

Lorsque Grothendiek mourut le 13 novembre 2014, on retrouva soixante-cinq mille pages de notes dans sa maison de Lasserre. Il y a aussi ces cinq cartons confiés à son ancien élève Jean Malgoire : vingt-huit mille pages de notes manuscrites. « Des gribouillis », selon leur auteur lui-même. (« Des rinçures », aurait dit Rimbaud de ses poèmes, après avoir abandonné la poésie…) Peut-être le graal des mathématiques, selon ses disciples.

Qu'on est loin d'Euclide et de ses *Éléments* si rassurants…

4

« J'ai foncièrement l'esprit d'Euclide... »

Dans *Les Frères Karamazov*, Ivan refuse cette forme de folie qui consiste à dépasser Dieu.

Je veux t'expliquer le plus vite possible l'essence de mon être, quel homme je suis. Voilà pourquoi je dois te déclarer tout d'abord que j'admets Dieu. Mais note bien que si Dieu existe, s'il a créé la terre, il l'a faite certainement suivant les principes d'Euclide, et il n'a mis dans l'esprit de l'homme que la notion des trois dimensions de l'espace. Pourtant il s'est trouvé, et il se trouve encore des géomètres et des philosophes qui mettent en doute que le monde solaire et même tout l'univers ait été fait suivant les lois d'Euclide. Ils osent même supposer que deux lignes parallèles qui, suivant les lois d'Euclide, ne peuvent jamais se rencontrer sur la terre, se rencontrent peut-être quelque part dans l'infini. Je suis décidé, puisque je ne puis comprendre cela, à ne pas m'interroger sur Dieu : car Dieu, lui, comment l'imaginer ? J'avoue modestement que je ne suis pas capable de résoudre cette question. J'ai foncièrement l'esprit d'Euclide : terrestre. Pourquoi chercher ce qui n'est pas dans ce monde ? [...] *Donc j'admets Dieu, non seulement volontiers, mais en lui accordant la sagesse, le but mystérieux, l'ordre, le sens de la vie ; je crois à l'harmonie éternelle où nous nous fondrons un jour ; je crois à la Parole où tend l'univers, et qui est elle-même Dieu...*

Lorsque je lus pour la première fois ce passage, j'étais en classe de terminale scientifique au lycée Lyautey. Tout en admirant la vigueur du style de Dostoïevski, je me rendais compte que quelque chose n'allait pas. Je relus attentivement le texte.

Ivan fait référence à Euclide et se pose la question : pourquoi chercher ce qui n'est pas dans ce monde ? Ce monde serait donc euclidien et le reste ne serait que littérature, si l'on ose dire... Or s'il est exact que lorsque Lobatchevski et Riemannn « inventèrent » des géométries non-euclidiennes, celles-ci semblaient aussi chimériques que la licorne – et d'ailleurs ni Lobatchevski ni Riemann ne se préoccupaient de savoir si elles existent ou non dans la nature –, elles ne restèrent pas longtemps « hors du monde ».

Dostoïevski est mort en 1881. Or – belle coïncidence – ce fut exactement cette année-là que Michelson fit – seul – la première des expériences dites « de Michelson et Morley » qui allaient déboucher sur la théorie de la relativité d'Einstein. Les mathématiciens (en particulier Hilbert et Cartan) firent immédiatement le rapport entre l'espace-temps d'Einstein et les géométries non-euclidiennes jusque-là considérées comme exotiques. À quelques années près, Dostoïevski aurait été obligé de réécrire son texte : *ce* monde n'est pas euclidien...

Cela doit nous inciter à la prudence. L'émancipation des mathématiques est, dans certains cas, un leurre. La réalité les rattrape. Les algébristes du XIXe siècle (Galois,

Dirichlet, Dedekind...), qui s'émancipèrent de l'addition et de la multiplication des entiers – « terrestres », trop terrestres... – pour inventer et étudier des *structures algébriques* élaborées (des « groupes », des « anneaux », des « corps »), auraient sans doute été étonnés de voir que leurs recherches ont trouvé aujourd'hui des applications dans les codes correcteurs d'erreurs, indispensables aux CD audio ou au transfert des données sur Internet (Morlot, p. 47).

Les structures algébriques, quel que soit leur degré d'abstraction, restent bien sages comparées aux objets ahurissants qu'on découvre quand on vogue toujours plus loin du « réel ». Peut-être y aura-t-il un jour (peut-être y a-t-il déjà) une application de ces aberrations célèbres, ces *freaks* dont on attend qu'un Tod Browning des maths nous les exhibe *en une monstrueuse parade* – c'est le titre français de son film. Ce genre de monstres mathématiques, certains (Brouwer et Kronecker), par exemple, ont tenté de les éliminer. En vain. Voici deux exemples fameux.

5

La sphère diabolique de Banach-Tarski

Selon un célèbre théorème démontré en 1924 par Stefan Banach et Alfred Tarski, il est possible de diviser une sphère en un certain nombre de morceaux puis de ré-assembler ceux-ci de façon à obtenir deux sphères... identiques à la première !

> Il s'agit de nouveau d'une utilisation audacieuse de la notion d'infini. La différence entre une sphère réelle (un ballon de football, par exemple) et celle de Banach-Tarski, c'est que la première contient un nombre *fini* d'atomes. En revanche, celle de Banach-Tarski, étant définie dans $\mathbf{R}^3$, contient par définition une *infinité non dénombrable* de points, puisque **R**, le corps des réels, possède lui-même cette propriété.

Sans entrer dans les détails de la démonstration (qui fait appel à l'*axiome du choix*) notons tout de suite quelques points importants pour nous. Ce théorème ne s'applique qu'à des objets *mathématiques* et non à des objets physiques. Dans le monde réel qui nous entoure, il est évidemment impossible de multiplier les sphères (ou alors ce serait un miracle comme la multiplication des pains par Jésus). Ici, on peut déceler une sorte de *disjonction entre le monde « réel » et le monde « mathématique ».*

Nous pouvons donc apporter une première restriction à la fameuse phrase de Galilée. Certes, l'Univers (« réel ») est écrit dans la langue mathématique, comme il l'affirmait en 1623, mais les mathématiciens sont allés au-delà : ils ont créé, par la mathématique, un univers encore plus vaste, qui contient celui-ci, mais le dépasse en complexité et en étrangeté. (Ils n'ont fait que suivre la pente naturelle du matheux qui adore « généraliser »...) Il y a là, de nouveau, une sorte d'*hubris* : les mathématiciens ont, d'une certaine façon, fait mieux que Dieu en allant au-delà de sa Création. On voit donc apparaître une autre forme de folie : le simple mortel est capable non seulement d'atteindre Dieu, de l'égaler en somme, en « lisant » le Livre mais, depuis les premiers travaux de Cantor, il est même capable de le dépasser en englobant son univers dans le leur...

6

Le « monstre » de Weierstrass

Le 18 juillet 1872, lors d'une séance mémorable à l'Académie royale des sciences de Berlin, Karl Weierstrass exhiba une fonction continue partout et dérivable nulle part. Il causa ainsi une grande surprise dans le monde mathématique : on croyait d'ordinaire qu'une fonction continue en tout point est nécessairement dérivable sauf peut-être en quelques points.

> Le caractère aberrant de cette fonction tient à ceci : si on cherche à calculer sa dérivée, on constate qu'elle n'existe en aucun point – la série qui l'exprime ne converge en aucun point. Or la fonction elle-même est partout continue. Il y a donc en chaque point une « rupture » – comme quand un coureur cycliste, après avoir grimpé une côte bascule vers la descente : en ce point – et seulement en ce point – sa trajectoire n'a pas de dérivée. Mais peut-on visualiser une trajectoire dont chaque point serait un point de rupture – et ce, quel que soit le degré de précision, d'« infiniment petit », qu'on se donne ? C'est impossible. Et pourtant, elle existe…

Décidément, les mathématiciens ont créé un univers qui contient celui-ci, mais le dépasse en complexité et en étrangeté. Le monstre de Weierstrass existe-t-il ailleurs que dans l'univers des mathématiciens ?

Cette idée d'un au-delà du monde (créé par les mathématiciens) s'accompagne, on le verra, d'une régression par rapport au « programme cartésien » : « Il est faux de penser que le but de la physique est de trouver comment est faite la nature. La physique est seulement concernée par ce que l'on peut *dire sur* elle » (Niels Bohr). En d'autres termes, le fameux langage mathématique (Galilée) qui serait l'essence du monde ne serait plus cela, mais seulement ce que *nous* pouvons dire sur le monde, c'est-à-dire l'interface entre nous et le monde – son essence restant insaisissable.

Le monde, selon cette conception, serait une gigantesque « chose en soi », inatteignable, inconnaissable…

7

Le monde se dérobe-t-il ?

Des pans entiers de la réalité ont disparu au fur et à mesure que la science mathématique de la nature progressait.

Olivier REY, *Itinéraire de l'égarement*

Nous avons évoqué plus haut une « double vérité du monde », constituée par les mathématiques pures et la physique mathématique.

La première commence à se perdre dans le formalisme. Accessoirement, elle engendre des monstres, comme on l'a vu, mais ce n'est pas le sommeil de la raison qui les engendre, comme dans le dessin de Goya, c'est au contraire une sorte de rêve éveillé et sans fin qui les produit « à la chaîne »…

On a vu que cette vérité du monde que constituent les mathématiques avait déjà reçu un coup fatal avec le premier théorème de Gödel (1931) : dans n'importe quelle théorie cohérente et capable de « formaliser l'arithmétique », on peut construire un énoncé qui ne peut être ni démontré ni réfuté. C'en était fini de l'ambition « totalitaire » des mathématiciens exprimée au plus haut point dans les *Principia mathematica* publiés par Russell et

Whitehead entre 1910 et 1913 : construire un système axiomatique qui déciderait de façon impérieuse de la vérité ou de la fausseté de toutes les propositions qu'on pourrait y énoncer.

Le monde s'était déjà dérobé une première fois, plus de deux mille cinq cents ans plus tôt, du côté de l'île grecque de Samos. Les pythagoriciens disaient : « Tout est nombre », mais il faut préciser que « nombre » avait alors une signification concrète, géométrique : il s'écrivait nécessairement comme fraction de deux entiers, comme rapport de deux segments de droite – c'est cela qui nous ancre au monde qui nous entoure, qui nous dit que c'est bien de lui que nous parlons. Le nombre dont le carré vaut 2, un nombre banal *a priori*, devait forcément s'écrire, lui aussi, sous la forme d'une fraction... mais ce n'est pas le cas. La démonstration en fut donnée, dit-on, par un certain Hippase de Métaponte. Cette découverte stupéfia les pythagoriciens. Toutes leurs croyances s'effondrèrent. Il existait donc des grandeurs « incommensurables » ! Autrement dit : les nombres rationnels (les fractions de deux entiers) ne régissaient pas le monde. Comment était-il possible que le côté et la diagonale d'un même carré n'admettent aucune commune mesure ? Peut-être un prédécesseur pythagoricien de Cantor – Hippase lui-même ? – s'écria-t-il, ce jour-là : « Je le vois mais je ne peux pas le croire ! » La légende veut que l'infortuné Hippase fut exilé – certains disent noyé – par ses condisciples après avoir révélé sa découverte à des non-initiés. La géométrie remplaça l'arithmétique (dont on venait donc de s'apercevoir qu'elle était incomplète, pas fiable...) comme vérité du monde. Il faudra attendre deux millénaires pour que les « irrationnels », comme cette fameuse racine de 2 qui sema le désarroi chez les pythagoriciens, soient entièrement acceptés par les mathématiciens.

L'autre vérité du monde, celle de la physique, commence, elle aussi, à se dissoudre dans les premières décennies du XXe siècle, avec l'apparition de la mécanique quantique. C'est un paradoxe parfaitement exprimé par Heisenberg dans *La Nature dans la science contemporaine* : « Il est remarquable que l'idée de la réalité objective des particules élémentaires se soit dissipée non dans le nuage d'une quelconque nouvelle représentation imprécise ou encore incomprise de la réalité mais dans la clarté transparente d'une mathématique. »

> Le titre d'un fameux essai de Koyré, « Du monde de l'à-peu-près à l'univers de la précision » (*in Études d'histoire de la pensée philosophique*, 1948) prend ainsi un sens presque ironique. C'est comme si on retournait au monde de l'à-peu-près…

Il est vrai que cette mathématique n'était plus celle de Galilée ou de Newton, entièrement dédiée à la description « objective » du monde. Ce dont parle Heisenberg, c'est d'une « mathématique appelée à décrire non plus le comportement de la particule élémentaire, mais *notre connaissance* de ce comportement. L'atomiste a dû admettre […] qu'il est impossible de parler […] de la nature "en soi". La science de la nature suppose en permanence l'homme et il nous faut prendre conscience que nous ne sommes pas seulement spectateurs mais aussi co-acteurs dans le spectacle de la vie. »

Tant que l'observateur n'active pas son instrument de mesure, les particules élémentaires ne peuvent être décrites que par des ondes de *probabilité*. De plus, à cette échelle, le principe d'incertitude de Heisenberg interdit de connaître avec précision le couple position-vitesse d'une particule. Plus la position est précise, moins on en sait sur la vitesse. Le plus important ici, c'est que cette incertitude ne dépend pas de la plus ou moins bonne qualité des instruments de mesure : elle est inhérente à la nature.

Louis de Broglie l'exprime ainsi : « L'introduction des probabilités ne résulterait pas de notre ignorance d'une situation qui existerait et qui serait entièrement définie mais dont nous ignorerions partiellement les détails. Elle résulterait d'une véritable indétermination de certaines grandeurs. »

C'est la fin du rêve de Laplace. Son démon quitte la scène. Puisqu'on ne peut connaître avec précision la position et la vitesse de chaque particule, le déterminisme absolu est impossible. Il est remplacé par le flou quantique. Y a-t-il une réalité objective qui existerait en l'absence de toute observation ? La question n'a pas grand sens puisqu'on n'a, de toute façon, aucun accès à cette réalité, qu'elle existe ou non.

Cette « dérobade » du monde à l'échelle microscopique a des conséquences inattendues sur... les mathématiques. On a vu plus haut, avec Cantor et la théorie des ensembles, qu'on pouvait construire les mathématiques avec deux présupposés : les nombres entiers (donnés par Dieu, selon Kronecker) et l'existence d'objets dont on peut faire des ensembles. De ce point de vue, les mathématiques se fondent sur ce que la nature a de plus simple, des « objets » ; elles se développent ensuite, grâce à la logique, de façon autonome. Mais les objets existent-ils, au niveau microscopique ? La simplicité du monde qui fonde les mathématiques n'est peut-être qu'une illusion...

Je regarde de nouveau ma montre. Elle ne disparaît pas si je ferme les yeux. En revanche, si je cesse d'observer une particule du monde subatomique, elle n'est plus qu'une onde de probabilité. Et pourtant, la physique quantique reste l'explication la plus efficace de la réalité subatomique jamais proposée. L'expression mathématique en est étrange, sinon incompréhensible, mais les résultats ont été validés par des milliers d'expériences. La « vérité » serait-elle incompréhensible, la « connaissance » serait-elle une illusion ? Que reste-t-il du rêve de Faust ?

Le monde semble donc se dérober, à l'échelle microscopique.

Cela dit, la théorie de la *décohérence* (introduite par H. Dieter Zeh en 1970 et qui reçut ses premières confirmations expérimentales en 1996) rétablit une certaine réalité au niveau macroscopique. Quand un système est fait d'un grand nombre de particules, les « étrangetés » du monde atomique s'évanouissent. On retrouve notre monde si familier où un chat est soit mort, soit vivant, mais pas les deux…

Le monde semble donc se dérober, à l'échelle micro-scopique. Il le fait aussi à l'échelle macroscopique. C'est Henri Poincaré qui le montra le premier.

8

Le monde se dérobe-t-il ? (*bis*)

Le hasard, l'indétermination envahissent le monde macroscopique, à notre échelle donc, mais également à l'échelle de la planète, du système solaire, de la galaxie… C'est d'ailleurs en étudiant le système solaire que Poincaré allait faire une de ses découvertes majeures (le théorème de récurrence) publiée en 1890 dans *Sur le problème des trois corps et les équations de la dynamique.* L'histoire de ce théorème est célèbre.

D'une erreur initiale de Poincaré (*felix culpa !*) sortit toute une branche du savoir qu'on peut appeler le « chaos déterministe », dont certains phénomènes, comme le célèbre « effet papillon » et les « attracteurs étranges », sont bien connus. Pourtant, il fallut presque un demi-siècle avant qu'on ne comprenne la portée et les conséquences de la découverte de Poincaré.

Le roi Oscar II de Suède (1829-1907), grand protecteur des sciences, avait décidé d'accorder un prix « à une découverte importante dans le domaine de l'analyse mathématique supérieure » à l'occasion de son soixantième anniversaire, le 21 janvier 1889. Poincaré décida de concourir et choisit un problème lié à la stabilité du système solaire, le « problème réduit des trois corps », qu'il aborda d'une façon totalement nouvelle. Le mémoire de Poincaré contenait quantité de résultats inattendus, mais, surtout, certains d'entre eux – par exemple, ce fascinant « théorème de récurrence » déjà évoqué – avaient une validité générale, au-delà de la question de la stabilité du système solaire. En fait, une nouvelle théorie était née, celle du chaos.

Le mémoire initial de Poincaré établissait la stabilité du système solaire, ce qui était un résultat spectaculaire mais… faux ! Avant publication dans *Acta mathematica*, on demanda à l'auteur d'éclaircir certains points obscurs de son article. En le retravaillant Poincaré, ébahi, se rendit à l'évidence : il avait commis une grave erreur. Le système solaire n'était *pas* stable, après tout. Et surtout, Poincaré venait de découvrir la théorie mathématique du chaos…

On a vu plus haut le texte écrit par Poincaré dans l'introduction de son *Calcul des Probabilités*. « Il peut arriver que de petites différences dans les conditions initiales en engendrent de très grandes dans les phénomènes finaux ; une petite erreur sur les premières produirait une erreur énorme sur les derniers. La prédiction devient impossible et nous avons le phénomène fortuit. » On comprend bien, en lisant le texte entier, que « chaos » ne signifie pas « absence d'ordre » mais « impossibilité de faire une prédiction ».

Le monde se déroberait donc doublement : au niveau le plus infinitésimal, il n'y aurait plus de réalité. Au niveau macroscopique, le chaos guette.

Ce n'est pas un point de vue partagé par tous ceux qui réfléchissent à la question. Dans son essai *Philosophie de la science contemporaine*, Roland Omnès affirme (p. 11) :

« Cet essai a un fil conducteur dont l'annonce est déjà dans *La Grande Instauration* de Francis Bacon : les principes de la science seront un jour si proches du cœur et de la moelle des choses qu'il deviendra possible de refonder sur eux la philosophie. Modérons ce propos en ne parlant que de philosophie de la connaissance, renforçons-le [...] en disant que le jour annoncé est venu. [...] La réflexion philosophique sur la science s'égare – ou stagne. Les auteurs à la mode ne parviennent à y voir que des incertitudes, des paradigmes sans principes durables, l'absence de méthode et des révolutions erratiques, au moment même où il faudrait au contraire rendre pleinement compte d'une science dont l'étendue et la cohérence dépassent de loin tout précédent. »

D'autre part, on a vu plus haut la fascination que peut exercer « l'équation du monde » d'Einstein sur ceux qui l'étudient mais il faut quand même préciser ceci : elle ne devrait s'appeler « équation du monde », stricto sensu, que si elle nous informait entièrement sur l'univers en chacun de ses points. Mais est-ce le cas ? Pour cela, il faudrait pouvoir calculer sa solution (le « tenseur métrique » $G_{\mu\nu}$) en chaque point. (En effet, c'est une équation *locale*, elle décrit ce qui se passe au voisinage d'un point donné.) Or c'est extraordinairement compliqué et, pour tout dire, *impossible*. Il est impossible, dans la pratique, de déterminer un tenseur métrique qui décrirait tout l'univers et son contenu. On est très loin du compte : on ne connaît même pas de solution exacte décrivant un espace constitué de deux corps massifs... et il y a des milliards d'étoiles dans notre galaxie, la Voie Lactée! Alors l'univers... Tout ce qu'on peut faire, c'est obtenir des approximations dans certains cas très « simples ». (Schwarzschild, le premier à avoir trouvé une solution, en 1916, le fit dans le cas d'un univers dont la masse est concentrée en un seul point...)

Le monde, capturé par l'élégante et fascinante équation d'Einstein, se dérobe au moment où on veut le saisir...

9

Faust, un double marché de dupes

Oui, le monde se dérobe... Il y a de quoi perdre la raison, doublement. Les maths pures se fourvoient dans le formalisme. (On ne sait plus dans quel monde on habite.) Le théorème d'incomplétude coupe les ailes aux Icare du calcul. Le théorème d'incomplétude de Gödel a son équivalent en physique : étant donné un système quantique, il possède certaines propriétés qu'on peut énoncer mais dont on ne peut pas prouver qu'elles sont « vraies ». C'est un autre aspect du flou quantique. On ne *sait* plus... Il y a en physique quantique des propositions qu'on peut former avec les mots du langage ordinaire mais qui n'ont en fait aucun sens, car elles ne tiennent pas compte du formalisme sous-jacent. (De quelque côté que l'on se tourne, toujours ce *satané* formalisme...) L'adéquation du *logos* avec le monde bien ordonné, le *cosmos*, cette merveilleuse adéquation qui a pu faire croire à l'homme qu'il pouvait déchiffrer le monde (le grand Livre...), ne va plus de soi.

D'ailleurs, y a-t-il un seul cosmos, une seule réalité ? Niels Bohr introduisit en 1927 l'affolante notion de « complémentarité » selon laquelle le corpuscule et l'onde sont des « aspects complémentaires de la réalité ».

Ces deux aspects se complètent en s'excluant : selon l'expérience qu'on mène, l'un ou l'autre se manifeste. Autrement dit, selon l'expérience qu'on mène, l'électron est corpuscule et *n'est que cela* ; ou alors il est onde et *n'est que cela*. Alors qu'est-il, exactement ?

> Cette question a-t-elle même un sens ? La logique aristotélicienne, qui nous force à poser la question à cause des principes de non-contradiction et de tiers exclu, est-elle valable au niveau des particules ?

Y aurait-il *deux* réalités, en ce qui concerne cet électron insaisissable ? Y aurait-il par conséquent, une infinité de « réalités » autour de nous ?

Le Faust de Marlowe se lamentait avant la visite du Diable : il croyait tout savoir de ce qu'il est possible d'apprendre ici-bas... et il voulait davantage. Double illusion : d'abord, il est impossible de tout savoir, si la réalité elle-même se dérobe. Et puis, on peut effectivement en savoir plus, *infiniment* plus : il suffit de se perdre dans le formalisme... mais sur quoi porte ce savoir ? Il n'a plus rien à voir avec notre monde. C'est peut-être cela, l'offre *diabolique* de Méphistophélès. Un double marché de dupes.

Cela vaut-il de perdre son âme ?

Cela vaut-il de perdre la raison ?

Lorsque les vingt-quatre années qui le lient à Méphistophélès s'achèvent, Faust n'a littéralement *rien* accompli : rien d'important. Il se retrouve face à l'inéluctable destin de damné qui l'attend.

IV

UNE HISTOIRE AVEC DES PERSONNAGES

Antonio José Duran a publié en 1996, à Madrid, une somme intitulée *Historia, con personajes, de los conceptos del cálculo*. Ce *con personajes,* dans une réflexion aussi ardue qu'abstraite, m'a toujours fait rêver… À mon tour d'en proposer quelques-uns en conclusion de cette étude de concepts parfois bien subtils, pour ne pas dire alambiqués.

Mais je dois faire tout de suite une remarque, ou plutôt une réserve, très importante. Ray Monk disait que le « Pythagore » de Bertrand Russell était largement un personnage de fiction vu qu'on ne sait quasiment rien du Pythagore historique – ses biographes apparaissent plusieurs siècles après sa mort.

Voici une « biographie » typique de Pythagore – on notera l'utilisation du conditionnel… « Il *serait* né aux environs de 580 av. J.-C. à Samos, il *aurait* été mathématicien… La vie énigmatique de Pythagore permet difficilement d'éclaircir l'histoire de ce réformateur religieux, mathématicien et philosophe. Il n'a jamais rien écrit, et les soixante et onze lignes des *Vers d'or* qu'on lui attribue sont apocryphes. » Roland Omnès a donc tout à fait raison d'écrire : « S'il me fallait dire qui fut selon moi le plus grand penseur de l'humanité, je répondrais sans hésitation : le pythagoricien *inconnu.* » (p. 36, nous soulignons).

Ma réserve, la voici : bien qu'on en sache beaucoup sur les vrais Gödel, Erdős, Grothendieck, ceux qui portent leurs noms dans les pages qui suivent seront parfois de *vrais* personnages de roman… On n'est pas loin du « mentir-vrai » d'Aragon ou du « Cette histoire est vraie puisque je l'ai inventée » de Boris Vian. En tout cas, ces personnages sont, chacun, mon interprétation de son *alter ego*, celui qui a réellement vécu. Qu'on m'en excuse. Ils me serviront surtout à illustrer ces trois visages de la folie que j'ai esquissés dans les chapitres précédents.

De ce point de vue, cet ouvrage est bien entendu un roman.

1

Grothendiek et la face de Dieu

Sur une route de montagne, la nuit, les phares de l'automobile accrochent une frêle silhouette légèrement voûtée, immobile. Le conducteur est saisi. Est-ce une apparition ? Un épouvantail ? Une illusion d'optique ? Non. C'est l'un des plus grands mathématiciens du XXe siècle…

Saint-Lizier est célèbre pour sa cathédrale et son palais des évêques qui offre une vue splendide sur les Pyrénées. Ville prestigieuse dans un lointain passé devenue petite ville assoupie, c'est elle qui recueillit le dernier souffle d'un homme à la destinée étrangement similaire : un génie qui connut la célébrité mondiale avant de mourir reclus et anonyme dans un village voisin, Lasserre. Il y avait élu résidence depuis quatorze ans.

Percer le secret des mathématiques, puis ceux de l'univers, approcher au plus près le secret de Dieu (le secret qu'*est* Dieu), ce sera la quête incessante d'Alexandre Grothendieck.

C'est en catimini qu'il quitta un jour le commerce des hommes et *fit retraite* dans le petit village ariégeois, coupant tout lien familial, amical et professionnel. Qui voulait lui écrire devait d'abord trouver son adresse (mission quasi impossible), et recevait un « retour à l'expéditeur » comme unique réponse. S'il voulait rencontrer le grand homme, il devait venir une quinzaine de fois jusqu'à la porte de la maison pour s'entendre intimer l'ordre de déguerpir... Ne resterait qu'une image : au fond d'un jardin envahi de broussailles, un vieillard frêle, irascible, qui empoigne une fourche pour chasser les visiteurs. Le visiteur ne saurait pas que l'illustre mathématicien prodigue à ses plantes les soins d'un médecin-jardinier ou d'un distillateur, tout en leur parlant de ses conversations avec sa déesse intérieure, Flora.

Quelque chose a dérapé chez cet Einstein des maths ou est-ce nous qui nous sommes essoufflés à le suivre ?

2

La fabrique du génie

1945. Les cicatrices invisibles de la grande histoire sont profondes mais Alexandre n'en montre rien. L'adolescent vient d'obtenir son bac au « collège Cévenol » du Chambon-sur-Lignon, et son destin d'homme est à écrire. Il s'inscrit à l'université pour préparer une licence de math-physique. Il a choisi Montpellier pour retrouver un peu de la *vie d'avant* : sa mère tout d'abord et une région où ils ont encore quelques attaches. Les premiers cours le laissent sur sa faim. Au collège Cévenol, les sciences se faisaient sous forme de causeries, on y questionnait sans cesse les mystères étudiés. À l'université, le cours magistral ne lui convient pas. Il décide de travailler seul la physique et il en fait autant pour les mathématiques, vers lesquelles il se spécialise au fil des mois. En 1948, il obtient sa licence. Sa méthode de travail, si originale, a suscité l'intérêt de l'un de ses professeurs. Voici un étudiant qui ne vient jamais en cours mais qui, sans le savoir, a redéfini l'intégrale de Lebesgue… Percevant en lui une intelligence hors norme, le professeur l'encourage à poursuivre ses études avec les grands noms de l'époque. Il le dirige vers Élie Cartan, professeur à Paris. Alexandre est reçu par Henri

Cartan, digne fils de son père, qui commence à se faire un prénom.

La rencontre produit un véritable choc des cultures. Alexandre démontre son talent mais il peine à s'expliquer et à utiliser les mots idoines. Henri Cartan l'admet quand même dans les séminaires qu'il tient à l'École normale supérieure.

Ces séminaires forment de jeunes et brillants normaliens qui œuvrent pour des mathématiques nouvelles, forts du constat, posé depuis une dizaine d'années, par Henri Cartan et André Weil, que le problème des *mathématiques* était leur *s* final : il manque une structure générale. Ils travaillent dans le sillage du « groupe Bourbaki », créé en 1935 par ces mêmes Cartan et Weil et auquel appartiennent entre autres Jean Dieudonné, Laurent Schwartz et Jean-Pierre Serre. Bourbaki mène un travail collectif visant à faire émerger les structures algébriques qui unifieraient les mathématiques.

C'est aussi l'époque du structuralisme triomphant, qui influencera tant la psychanalyse, avec Lacan, que l'ethnologie, avec Lévi-Strauss, ou encore la littérature, avec l'OuLiPo de Queneau – ce dernier consacrera d'ailleurs un chapitre à « Bourbaki et les mathématiciens de demain » dans son *Bords. Mathématiciens, précurseurs, encyclopédistes* paru en 1963. Avec Bourbaki, le rire n'est jamais loin. « Nicolas Bourbaki », on le sait, est un canular derrière lequel se cachent des farceurs qui lui inventent faire-part de mariage et avis de décès et qui formulent le but d'un congrès d'algèbre linéaire en un savoureux sonnet dont voici le premier quatrain :

Soit une multiplicité vectorielle
Un corps opère, seul, abstrait, commutatif
Le dual reste loin, solitaire et plaintif
Cherchant l'isomorphie et la trouvant rebelle.

Alexandre est séduit par les potentialités du séminaire Cartan. Il y apprend beaucoup : la méthode, les terminologies… et la culture qui lui manquaient. Mais il dénote dans ce milieu. Il est du genre *à côté* : sans costume ni cravate, sans être passé par la voie royale de l'élite mathématique, sans égard pour quiconque. Sa liberté intellectuelle frise l'insolence. André Weil l'oriente en 1949 vers deux Bourbaki en poste à Nancy, Jean Dieudonné et Laurent Schwartz. Ils lui proposent de résoudre un ou deux des quatorze problèmes liés aux conjectures de Weil en guise de thèse d'État. Mais Alexandre n'est pas un étudiant comme les autres. Pourquoi résoudre un ou deux problèmes quand on peut les traiter tous ? Six mois suffiront. Écrire l'équivalent de six thèses en une, le défi est pleinement relevé, avec une facilité d'exécution prodigieuse.

En 1953, il soutient sa thèse sur les « produits tensoriels topologiques et espaces nucléaires ». Un poste temporaire d'attaché de recherche au CNRS lui est confié tandis qu'il est intégré au groupe Bourbaki. Il consacre avec talent sa recherche à l'analyse fonctionnelle mais son poste ne peut lui être renouvelé – il n'a pas la nationalité française. Il refuse de la demander pour ne pas avoir à faire son service militaire. Son appartenance à Bourbaki lui permet néanmoins d'obtenir des postes de professeur invité en Amérique : Sao Paulo puis les universités du Kansas et de Chicago. Au cours de ces trois années, Grothendieck délaisse peu à peu l'analyse fonctionnelle pour les mathématiques à trois cent soixante degrés, c'est-à-dire en les considérant d'une plus grande hauteur de point de vue afin de s'interroger sur ce qui sépare la géométrie de l'algèbre et en trouver le principe commun, la raison unique dont elles découlent. Son sujet d'investigation devient alors la géométrie algébrique, dans laquelle il avance en collaboration avec Jean-Pierre Serre.

Il est de retour à Paris en 1956. Le CNRS lui confie un poste de maître de recherche. Quelques mois plus tard il est invité en Allemagne par Hirzebruch, maître en géométrie algébrique, pour un séminaire au cours duquel il expose les orientations et les avancées de sa recherche qui range algèbre et géométrie dans des boîtes transversales nommées « topos », « schéma » ou encore « cohomologie ». L'auditoire est conquis.

En 1958, celui du congrès international des mathématiques d'Édimbourg est stupéfait par l'intelligence fulgurante du chercheur à peine trentenaire – et aussi par ce caractère libre qui ne s'embarrasse toujours pas de convenances sociales.

Il ne faut pas que la France laisse partir un tel cerveau. Un riche industriel, Léon Motchane, a l'idée, avec Jean Dieudonné, de créer un Institut des hautes études scientifiques (IHES) non loin de Paris. L'objectif est d'y réunir l'élite de la recherche mathématique et physique de l'époque pour lui permettre de se consacrer librement à ses travaux et de dialoguer à loisir, sans attendre les congrès. Grothendieck y est nommé membre permanent. La dialectique du maître et de l'élève s'inverse : tandis que Grothendieck fait des maths jour et nuit, s'assoupissant à même le sol de son bureau quand le sommeil le prend, Dieudonné puis Schwartz mettent en forme, le lendemain, les feuillets manuscrits quasi illisibles. Jean-Pierre Serre sert d'intermédiaire. Le premier volume des *Éléments de géométrie algébrique* (ils seront quatre au total) paraît en 1960.

La machine à révolutionner les mathématiques est lancée. Elle attire comme autant de lucioles nombre d'étudiants brillants.

3

Alexandre l'a-normal

Mais derrière le nom éclatant du Grothendieck qui met en ordre les mathématiques se trouve toujours l'Alexandre hermétique à un certain ordre de la vie sociale. Un exemple ? L'ambition de refonder la géométrie algébrique part des conjectures de Weil, Alexandre les démontre (ou les démonte) plus rapidement que quiconque mais ce n'est pas très élégant vis-à-vis de Weil, qui est toujours vivant et aimerait bien qu'on lui laisse le temps nécessaire pour aller au bout de son travail. On imagine le haussement d'épaules de l'homme qui calcule plus vite que son ombre…

Les tensions au sein de l'IHES mettent en relief le caractère a-normal de Grothendieck, qui n'est pas normalien dans un groupe qui ne compte que des agrégés de Normale sup, qui est en fait tout entier dans ce *a* privatif de normalité. Ses pantalons deviennent des shorts, ses chaussures se font sandales en caoutchouc de récupération, son crâne est volontairement débarrassé du moindre épi alors que la mode est aux cheveux longs. Son attention va aux structures mathématiques. Il néglige les relations interpersonnelles autant que les méthodes habituelles de faire des mathématiques. Son *anormalité* fait de lui l'héritier revendiqué de Galois (Cf. *Récoltes et semailles*, chap. 6.3 « L'héritage de Galois »). En 1961, il fait un pas de côté et quitte le groupe Bourbaki tout en poursuivant les objectifs de leur recherche.

Grothendieck récolte néanmoins les fruits de son travail à l'IHES. Il obtient en 1966 la médaille Fields. Ensuite vient la médaille Émile-Picard, décernée par l'Académie des sciences, en 1977, puis, en 1988, le prix Crafoord, créé par l'Académie royale de Suède. Depuis 1970, une dizaine de médailles Fields attribuées revient à des mathématiciens qui ont travaillé à partir de ses travaux. Les enfants de Grothendieck…

Mais que valent ces honneurs pour Alexandre ? Et d'abord qui les offre et comment et pour quoi ? Fils d'un anarchiste russe, ses pieds ne fouleront pas la terre du bolchevisme pour aller chercher la médaille Fields : elle sera vendue aux enchères… La médaille Émile-Picard fera un excellent casse-noisettes offert, après usage, à un ancien étudiant. Le prix Crafoord d'une valeur de 270 000 dollars sera refusé au motif que seul le temps saura évaluer la pertinence de ses travaux – et que d'ailleurs il a suffisamment d'argent.

Le parallèle avec Grigori Perelman et Paul Erdős est frappant. Ces mathématiciens « fous » sont totalement désintéressés. Leur royaume n'est pas de ce monde.

4

Dislocation

Les années à l'IHES semblent creuser une faille dangereuse : Grothendieck le phénomène échappe à Alexandre – et celui-ci le supporte de plus en plus difficilement. Est-ce l'effet de la médaille Fields ? Ou est-ce l'effet du court séjour, en 1965, qu'il fait pour y enseigner, dans un Vietnam dévasté par les nouvelles armes de guerre ? Celles-ci ne sont-elles pas l'application de la recherche scientifique… Est-ce la déconvenue de Mai 68 au cours de laquelle les étudiants l'ont rangé dans la catégorie des « pères bourgeois » à abattre alors qu'il aurait volontiers partagé leurs opinions et leurs combats, si seulement les chiffres ne l'avaient retenu loin de l'actualité ? Est-ce la résurgence d'une vieille fragilité due aux blessures de la guerre, ou au sentiment d'avoir été abandonné par ses parents ? Est-ce un épisode de « décompensation » après tant d'années de travail à raison de dix-huit heures quotidiennes ? (C'est exactement le même chiffre qu'on cite pour Erdős, on appellerait cela *burn-out* aujourd'hui.)

Est-ce un peu de tout cela ?

Une chose est sûre, Alexandre arrache Grothendieck des mains de l'IHES. Le prétexte ? Il refuse de continuer de travailler pour un institut qui reçoit une (petite) subvention de l'armée. Il démissionne donc en 1970. Le choix paraît insensé. Sabotage inconscient ou lucide protection de soi ? En tout cas, il prend un nouveau chemin…

Grothendieck, c'est effectivement un *chemin* singulier fait d'un va-et-vient auquel sa zone du langage est habituée depuis longtemps. Sa maîtrise du français est remarquable mais il n'a appris cette langue qu'à l'âge de neuf ans. Tout son monde intérieur s'est construit dans l'allemand maternel. Sa pensée est une itération qui va de l'allemand au français puis du français à l'allemand. Sa logique épouse-t-elle un même va-et-vient allant du particulier pour en tirer le général – avant d'appliquer le général au particulier ?

> Une anecdote en est la parfaite illustration. On lui présente un petit carré d'une œuvre d'art. Il s'éloigne d'une dizaine de mètres, son regard projette alors au loin une multiplication de ce petit carré, et il s'exclame : « C'est la cathédrale de Rouen peinte par Monet ! »

Ainsi fonctionne son esprit pour traiter avec génie, comme par magie, les problèmes mathématiques : il s'agit de les considérer ensemble et non pas l'un après l'autre ; il faut multiplier le particulier jusqu'à le rendre d'une complexité extrême puis, dans un mouvement de recul, on peut y trouver les points communs, opérer par « dévissages », par réductions, pour atteindre leur essence.

Refonder les mathématiques comme le voulait le groupe Bourbaki pour en dégager les structures communes à la géométrie et à l'algèbre ne pouvait que lui plaire. Il ne pouvait qu'y exceller. Mais il aborde la nouvelle décennie par un virage à cent quatre-vingts degrés.

5

Les mathématiques détruisent-elles le monde ?

Les causes de cette rupture sont peut-être physiques, politiques, psychiques ou encore affectives (il quitte l'IHES et sa femme en même temps), tout cela coagulé en une banale crise de la quarantaine, mais il y a une autre explication possible. Ne se trouverait-elle pas dans sa manière de raisonner ?

Le va-et-vient mathématique entre le particulier et le général a creusé un sillon pour sa logique dont le questionnement récurrent est : et si l'élément considéré n'était en fait que le sous-élément d'un ensemble qui englobe un autre sous-élément et qui leur donne des propriétés communes ? Dans un mouvement de recul, comme avec le carré de la toile de Monet, Alexandre a sans doute considéré les mathématiques comme le sous-ensemble d'un ensemble plus vaste. Cette catégorie ne serait plus un tout mais un élément parmi d'autres avec lesquels elle a des similitudes, du fait qu'elles appartiennent au même ensemble. Oui, mais alors quel serait cet ensemble ?

Ses voyages professionnels aux États-Unis lui ont fait découvrir, avant 1970, l'existence de groupes écologistes militants. N'était la longueur des cheveux, Grothendieck avait déjà le look du parfait écolo baba cool. En quoi les mathématiques seraient-elles incompatibles avec ce type d'engagement au point qu'il faille s'en dépouiller ? Le lien se trouve dans l'élargissement du champ de vision. Si l'on considère le chercheur isolément, on ne voit rien : il résout des problèmes mathématiques et c'est tout. Mais si l'on regarde ce que deviennent ces mathématiques, alors on aperçoit leur application dans le champ des sciences physiques. De là à l'armement nucléaire qui menace de dévaster la planète, il n'y a qu'un pas. On peut aussi voir leur application en économie – avec l'exigence de rentabilité dont l'humain fait les frais.

Alexandre commence à voir les mathématiques comme un élément d'un ensemble plus vaste, qui œuvre à la destruction de l'homme, de son environnement. Il faudrait être fou (!) pour continuer, estime-t-il dans une conférence donnée au Cern, à Genève, en 1972 :

> *Je connais un certain nombre de mathématiciens qui sont devenus fous.* [...] *Je voudrais préciser la raison pour laquelle au début j'ai interrompu mon activité de recherche : c'était parce que je me rendais compte qu'il y avait des problèmes si urgents à résoudre concernant* [...] *la survie que ça me semblait de la folie de gaspiller des forces à faire de la recherche scientifique pure.*

Surtout quand celle-ci contribue directement à la folie du monde...

L'Alexandre de 1970 obtient un poste de professeur associé au Collège de France. Il transforme sa chaire en tribune et demande : « Allons-nous continuer la recherche scientifique ? » Froncement de sourcils en haut lieu... Il propose une réflexion sur l'utilité de la recherche scientifique. Son contrat n'est pas renouvelé.

Peu importe. Il a trouvé une nouvelle cause, pour ne pas dire une obsession : l'écologie radicale. Il fonde le groupe « Survivre et vivre » dans lequel il attire deux collègues de l'IHES. Il tient des réunions, publie un journal, va à la rencontre de groupes déjà bien organisés aux États-Unis. Pour s'assurer que ses anciens collègues ont bien compris dans quel chemin ils se fourvoyaient, il s'invite dans leurs congrès et séminaires, provoque des esclandres, fait passer une urne pour financer le journal de son groupe. Sa réputation d'excentrique n'était plus à faire, le voici définitivement catalogué comme ingérable. Même la grande complicité avec Jean-Pierre Serre n'y survivra pas.

La nuit, il enquête sur la sécurité nucléaire en photographiant la centrale nucléaire de Saclay, ou alors il refait le monde avec ses nouveaux amis antimilitaristes, anticapitalistes, altermondialistes. Il lance l'idée d'une vie en communauté avec d'autres militants. C'est la mode. L'amour libre lui plaît infiniment, les discussions engagées tout autant, mais la léthargie ambiante sous volutes de fumée de cannabis finit par le rebuter. L'expérience de la petite communauté de vie à Châtenay-Malabry se conclut rapidement en 1973. Il démissionne du groupe et quitte la région parisienne. Les militants les plus purs sont loin de la capitale. Ils élèvent des chèvres sur le plateau du Larzac et résistent à sa transformation en camp militaire. Alexandre rejoint une petite communauté installée à Villecun. Nouvel échec. Il mesure son incapacité à vivre avec les autres.

Il faut trouver un juste milieu. Faire des mathématiques pour soi, sans publier, est-ce possible ? Il lui faut quelques rentrées d'argent, tout en évitant ses anciens collègues. Il obtient un poste d'enseignant à la faculté de Montpellier mais il reste à Villecun où il achète une maison avec un grand terrain pour y vivre en autarcie. À vélo ou en 2CV, il ne rejoint la ville que pour y donner ses cours. Le reste du temps, il vit au plus près de la nature.

Nous sommes en 1974. Il aborde une nouvelle vie.

6

La plus folle des questions

Toute forme d'absolu relève de la pathologie.
NIETZSCHE,
Par-delà le bien et le mal

Elle donne le vertige… Et si les mathématiques n'étaient en fait qu'une des sous-catégories d'un ensemble plus vaste (un « tout » qui leur donne des propriétés communes), quel serait cet ensemble ? La question n'a pas quitté Alexandre.

S'interroger sur la finalité des sciences et des mathématiques en particulier, c'était les ramener à leur matrice originelle : la philosophie. Les voyages aux États-Unis, en tant que mathématicien puis militant écologiste, font germer cette petite graine en lui. Il y trouve un nouveau « flux de conscience » qui le bouscule et le fait peu à peu sortir de ce qu'il nommera sa « très grande torpeur spirituelle ». Alexandre entrevoit la plus grande des « boîtes », celle qui contient toutes les autres : l'absolu. Son *logos*. On y revient toujours…

L'éveil spirituel naît de la lecture de *Cosmic Consciousness* de Maurice Bucke (1837-1902), qui y affirme que les hommes sont appelés à muter pour atteindre un niveau de conscience supérieur : Spinoza, Socrate ou Shakespeare en sont des exemples. Grothendieck découvre ensuite Krishnamurti, Gandhi, le *Tao-tö-king*. L'époque est aux philosophies et religions orientales. Au fil des années, Alexandre comprend que l'urgence écologique était avant tout une urgence spirituelle. « Il est possible d'être un grand mathématicien tout en étant dans un état de délabrement spirituel extrême », constate-t-il amèrement. Est-ce un écho au « Science sans conscience n'est que ruine de l'âme » de Rabelais ? « Scientifiques » et « littéraires » semblent effectivement s'appeler et se répondre par-delà les disciplines.

L'appel lancé par Grothendieck au Collège de France en 1971 (« Devons-nous continuer la recherche scientifique ? ») résonne comme une variante du « Que faut-il dire aux hommes ? » de Saint-Exupéry, tourmenté de voir l'homme vivre en dessous de sa véritable humanité et posant ce constat désabusé : « Aujourd'hui [...] je suis triste pour ma génération qui est vidée de toute substance humaine. Qui, n'ayant connu que le bar, les mathématiques [*sic*] et les Bugatti comme forme de vie spirituelle, se trouve aujourd'hui dans une action strictement grégaire qui n'a plus aucune couleur. » (*Écrits de guerre 1939-1941*)

Le virage de 1970 se lit alors comme la découverte d'une carence spirituelle. Laquelle ? Celle du Verbe... « Trouver une langue », disait Bourbaki citant Rimbaud. Alexandre l'a fait avec talent, non seulement pour trouver *la* mathématique en unifiant géométrie et algèbre, mais aussi pour nommer les éléments qu'il découvrait : schéma, topos, etc. En 1974, ça se comprend autrement : trouver une langue, c'est trouver le *logos*, remonter jusqu'au Verbe.

L'univers n'est pas que matière, c'est aussi le souffle du Verbe. Platon, la Bible, saint Augustin l'ont dit.

Grothendieck se lance dans la quête. De nouveau, il examine, il classe, il ordonne. Les mathématiques deviennent *logos* divin, lois de l'intelligence suprême, qui a créé l'univers, et qui sont accessibles à l'intelligence de l'homme. Elles sont une partie et non le tout, une sous-catégorie de la grande boîte « absolu divin » qui contient deux autres sous-catégories : la théologie et la poésie. Alexandre, à sa façon, s'exerce aux trois.

Théologien et poète, Grothendieck, vraiment ?

7

Méditation

Tout ce qui monte converge.
Pierre TEILHARD DE CHARDIN

Un moine bouddhiste mathématicien – ça existe – vient le voir à Villecun. Son séjour aura deux conséquences. La première est la découverte par Grothendieck de la méditation, qu'il pratiquera chaque jour dès 1976, la deuxième est un procès, en 1977, qui résonne étrangement aujourd'hui : le moine n'a pas de papiers, Grothendieck héberge donc un clandestin. Le monde des mathématiciens tente, au-delà des rancœurs, de lui porter secours face à une justice mal inspirée…

Souvent effectuée à travers l'écriture, la pratique de la méditation lui permet de faire à la fois de la théologie et de la poésie. Son style précis autant que prolixe est une prose poétique dans laquelle il exprime sa quête intérieure du divin.

Entre 1985 et 1986, il rédige un millier de pages qui forme *Récoltes et Semailles. Réflexions et témoignage sur un passé de mathématicien*. C'est une relecture de sa vie qui lui permet aussi de régler ses comptes avec Bourbaki et les anciens de l'IHES. Le livre est organisé à la manière d'un oignon dont on enlève les couches – du plus évident au moins évident – pour atteindre le cœur et sa vérité. En 1987, *La Clef des songes ou Dialogue avec le Bon Dieu* sera le sommet de sa prose poétique : pas moins de mille pages, réparties entre six chapitres et des ajouts appelés « notes ». C'est une réflexion chronologique sur sa vie intérieure, de son éveil à son approfondissement au fil de rencontres, d'expériences comme « Survivre et vivre », de pratiques comme les songes où il voit la Face de Dieu.

Notes pour le chapitre VII de La Clef des songes ou les Mutants, un appendice de cinq cents pages, est particulièrement intéressant. Les polarités yin et yang répartissent l'ensemble des figures qui ont marqué et influencé sa spiritualité. Se souvenant de la première lecture (*Cosmic Consciousness)* qui l'avait éveillé à cet univers, il les qualifie de « mutants ». Ils sont dix-huit, venus chacun à sa façon révéler à l'homme la nécessité d'une *convergence* entre foi et raison, science et spiritualité.

Convergence… Averroès parlait de « connexion » – *ittisâl.* Encore et toujours, les « deux vérités »…

Au fil des pages, Grothendieck compare entre eux les mutants que sont entre autres Teilhard de Chardin, Freud, Steiner, Ramakrishna, Darwin, voire un Félix connu de lui seul. Selon la portée de leur mission dans des domaines chers à sa conception alternative de la vie (leur rapport au sexe, à la guerre, à la religion, aux sciences de la nature, à la culture, à la justice sociale, à l'éducation, etc.), il fait, défait et refait un classement qui place l'un au sommet, exclut l'autre, bouleverse l'échelle. Comme autant de combinaisons mathématiques…

8

Comprendre le Tout

Parmi les « mutants » se trouve Marcel Légaut, un mathématicien qui décida un jour de tout quitter pour devenir berger dans les Alpes et vivre pleinement sa foi chrétienne – excellente recette pour échapper à la folie. En 1987, Grothendieck, attiré par quelques lignes biographiques, lit *L'Homme à la recherche de son humanité* puis *Introduction à l'intelligence du passé et de l'avenir du christianisme*. Il découvre alors la figure de Jésus, ce qui le pousse à lire les Évangiles avec avidité. À travers les ouvrages de Légaut, Alexandre a trouvé le sens de sa vie et la confirmation de sa « mission ». Elle consiste en une découverte de soi, à travers une connaissance spirituelle de la psyché, afin de comprendre le Tout qui doit éclairer la science – et non l'inverse.

Le Tout. L'Un. La face de Dieu, encore et toujours…

Sa grande idée, c'est que chacun individuellement, par ses actions, influence le Tout : « Cette impossibilité d'une modélisation “ultime” de la réalité physique ne signifie nullement que la conception de modèles mathématiques qui épousent au plus juste tels secteurs de la réalité physique soit devenue stérile, bien au contraire. Mais plutôt que, pour faire œuvre fertile, on ne pourra plus continuer à ignorer l'action bien évidente, dans le monde physique, de causes et de finalités de nature psychique et spirituelle. »

Que doit-il faire ? Trois choses :

— observer sa propre psyché et l'action de Dieu en lui, au moyen des rêves notamment ;
— recueillir le témoignage de personnes ayant centré leur vie sur la connaissance de soi et la quête spirituelle ;
— étudier l'histoire des religions et des grands novateurs de l'humanité – Jésus y occupant une place privilégiée (*La Clef des songes*, p. 151.)

9

La double vérité de Grothendieck

Sa quête intérieure est quête du Logos qu'il place dans la psyché et qu'il définit alors comme Éros, puissance créatrice venue de Dieu, qui meut autant l'action mathématique que la méditation ou que les rapports homme-femme.

Il se souvient qu'à seize ans, au collège Cévenol, l'exposé de son professeur de sciences sur l'évolution de la vie avait fait de lui un déiste – il se disait athée jusque-là. L'exposé lui avait montré la merveille de beauté et de finesse contenue dans la structure physico-chimique de chaque cellule. Ce ne pouvait être le fruit du hasard. (On en revient toujours à Voltaire et à son « horloge »...)

Mais, il s'en rend compte maintenant, c'était une découverte *intellectuelle* qu'il avait faite. Il comprend qu'il n'avait vu, à cette époque, qu'une facette de ce qui était révélation du *logos* divin, du Verbe, à la fois dans la raison et dans l'âme. Encore et toujours, la double vérité...

Mais Alexandre mesure-t-il alors ce « à la fois » ce « en même temps », les possibilités de communication entre les deux sous-catégories du même ensemble ?

Jusqu'en 1980, mathématiques et quête spirituelle (à travers la méditation) s'excluaient. La boulimie mathématique avait produit une anorexie spirituelle, puis la boulimie méditative avait entraîné une anorexie mathématique.

Et puis, la faim mathématique revient. « Ô mathématiques sévères, je ne vous ai pas oubliées… » Il écrit en quatorze mois les mille six cents pages de *La Longue Marche à travers la théorie de Galois*. En 1983, ce sera *Esquisse d'un programme* accompagnée du millier de pages de gribouillis chiffrés, peut-être encore en lien avec la « cohomologie étale », confiées à Jean Malgloire. Il alterne la méditation mystique et les mathématiques. Et il écrit et écrit encore.

Il veut reprendre ses recherches mathématiques mais un poste au CNRS lui est refusé – et c'est, coup de pied de l'âne, par un jury composé d'étudiants de l'époque de l'IHES devenus entre-temps professeurs. L'échec est amer… Il obtient finalement un détachement au CNRS en 1984, avec *Esquisse d'un programme*, conserve son bureau à Montpellier et s'installe à Mormoiron dans le Vaucluse.

Mais quinze ans se sont écoulés depuis la rupture avec la recherche universitaire de l'IHES. Les années ont laissé des traces dont Grothendieck mesure maintenant la profondeur. Il pensait « mettre sur pause », comme on fige une image pour reprendre à sa guise le film, sans que le scénario en soit modifié. Mais la vie a continué, la recherche mathématique a continué.

Sans lui.

10

Le Messie manqué

Comment en est-il arrivé là ? Dieu lui a montré les ravages de la science. Et ensuite ? Le Diable l'aurait possédé et c'est à cause de lui qu'il aurait tout arrêté... Et si c'était un complot ? La communauté mathématique l'a enterré, a pillé son travail. Les mille pages de *Récoltes et Semailles* de 1985, envoyées à deux cents mathématiciens, peinent à trouver une cohérence dans son parcours.

Oui, la vie a continué. Pierre Deligne a publié un SGA 4 ½ – comme un interstice entre les SGA 4 et SGA 5 de Grothendieck. Il a démontré la troisième conjecture de Weil, qui résistait au maître. Il a à son tour obtenu en 1978 une médaille Fields. Il a osé publier les exposés du SGA 7 mené en collaboration, en deux volumes séparant ceux de Grothendieck et les siens. Trahison ! Mais Grothendieck est tout autant ulcéré par le fait que la mise au net de ses travaux n'ait pas été poursuivie. Victimisation que démonte Jean-Pierre Serre, visé comme les autres dans *Récoltes et Semailles* : « Tu t'indignes de ce que tes anciens élèves n'aient pas continué l'œuvre que tu avais entreprise. Mais tu ne te poses pas la question la plus évidente, celle à laquelle tout lecteur s'attend à ce que tu répondes : Pourquoi, *toi*, as-tu abandonné l'œuvre en question ? »

Son retour façon « Messie des maths » est manqué. Il est allé trop loin. Il sombre alors dans les théories du complot : ses pairs conspirent pour l'enterrer, les dactylographes ne recopient pas tout du manuscrit *Récoltes et Semailles,* elles commettent intentionnellement des erreurs. On fait un peu de place dans son bureau de Montpellier rarement occupé ? C'est bien sûr une mise à sac ! Malgré les excuses qu'il reçoit, le mal est fait. Comment retrouver l'ordre de ces papiers rassemblés à la va-vite ? Le mépris, la méfiance envers le milieu mathématique en sont renforcés. Il se sent *pillé*.

11

La nuit de feu d'Alexandre

Sa lettre de refus pour le prix Crafoord ne dira pas autre chose : « Sans renoncer pour autant à ma passion pour la recherche scientifique, je me suis éloigné intérieurement de plus en plus du milieu des scientifiques [qui procède] au pillage pur et simple entre collègues. » (Lettre parue dans *Le Monde*, 4 mai 1988) Il refuse tout autant les traditionnels « mélanges » offerts à la fin d'une carrière universitaire. Il a soixante ans, il prend sa retraite, il se retire du monde, il entre en lui-même.

Une autre décennie commence. C'est une nouvelle page de son roman qu'il écrit. Grothendieck tire sa révérence du monde mathématique avec un dernier *opus* d'un millier de pages sur les « dérivateurs », qu'il confie à Jean Malgloire. Avec ce qui reste de ses luttes enflammées pour des causes mathématiques, écologiques ou mystiques, il réitère la stratégie de la terre brûlée.

Nuit de feu… Il brûle des papiers personnels, dont la correspondance de ses parents, un sulfureux *Éloge de l'inceste* écrit dix ans plus tôt et des pages et des pages d'écrits mathématiques. Il en épargne environ vingt-cinq mille, réparties en cinq cartons. Jean Malgloire s'empresse de les sauver d'un possible autodafé. Il remettra ce « trésor national » à l'université de Montpellier en 2010.

Il coupe les derniers liens amicaux et familiaux, change de région pour s'établir à Lasserre, où la solitude est sa dernière compagne. « Solitude bienfaisante, solitude bénie toute saturée de silence, matrice féconde du travail qui devait se faire en moi et qui déjà, depuis des années sûrement, m'appelait... », écrivait-il quelques années auparavant dans *La Clef des songes*. Comme à l'entrée des abbayes cisterciennes, résonne le *beata solitudo, sola beatitudo* de saint Bernard et se dresse la clôture monacale qui empêche le commerce des hommes.

Le cœur de notre roman serait donc celui-ci : Grothendieck, un Pascal de notre temps, décide de renoncer aux mathématiques, de mener une vie d'ermite – de se consacrer à Dieu.

Mais l'histoire est peut-être tout autre. Plus qu'en Jérôme, n'est-ce pas en Alceste qu'il a fui dans le désert ? « L'ami du genre humain n'est point du tout mon fait. » (Molière, *Le Misanthrope*) C'est un homme en colère contre le monde mathématique qu'il fustige – tout en guettant le moindre signe de reconnaissance. C'est un homme tourmenté, non par une Célimène mais par une sorte d'urgence eschatologique. Écologiste radical, il croit voir les signes d'une Apocalypse imminente. Il commence à se prendre pour le Christ. (Dans *Récoltes et Semailles*, il estime avoir eu douze disciples, Jean et Judas prenant les traits du seul Pierre Deligne.) C'est donc en prophète qu'il interpelle ses anciens collègues. Il leur envoie son *Développement sur la lettre de la Bonne Nouvelle*, les invitant à la repentance avant une fin du monde qu'il sait imminente – cela lui a été révélé en songe par « la divinité ». Personne ne lui répond. La date fatidique ayant passé sans que le monde ait trépassé, il enverra un nouveau courrier pour s'en expliquer.

Décidément, quelque chose s'est déglingué en lui. Son syncrétisme, qui mêle Dieu, Lucifer, le yin et le yang, est difficile à suivre. Si les mathématiques peuvent en être le *logos*, le lien avec la mystique n'est pas clair. La science lui donne une méthode de réflexion intellectuelle qui n'est pas celle des soufis. Son projet de bâtir une « physique de l'âme » en témoigne. Il mène une vie spirituelle comme il fait des mathématiques : avec rigueur, avec logique. Son mysticisme se joue dans la tête plus que dans le cœur. Erreur de localisation.

Grothendieck met un écran de pensées entre lui et le monde. Ce monde menaçant occupe de manière obsessionnelle son intelligence – est-ce pour ne pas avoir à penser les vraies douleurs, à *panser* le cœur ? Plus qu'une vie en clôture monacale, c'est une intelligence qui se clôt sur elle-même.

Il échafaude son système dans la solitude. Il lève les yeux. Le ciel étoilé lui fournit des questions sans réponse. Le nombre total d'étoiles est-il pair ou impair ? Ces étoiles-là, au-dessus d'Orion, ne formeraient-elles pas un icosaèdre ?

Alexandre est le seul habitant de sa planète.

12

Lucifer hante Lasserre

Pourtant, au départ, il avait gardé quelques liens courtois avec ses voisins, non sans faire preuve d'un humour grinçant : « Vous me gratifiez de fautes d'orthographe invraisemblables, c'est beaucoup d'honneur pour ma modeste personne », écrit-il à une voisine qui lui rend des services (Bringuier, p. 123). Au fil des ans, la rupture se fait radicale. Il repousse avec férocité tous ceux qui s'approchent de lui, le visiteur fût-il son propre fils venu lui présenter son bébé. Il s'en excusera au motif qu'il était possédé par le Diable ce jour-là…

Lucifer ou l'énigme du mal, c'est la préoccupation de sa vieillesse. Pour sa « physique de l'âme », il élabore un système de compréhension de l'univers dont l'équilibre repose sur un rapport de force entre le bien et le mal. (Il en donne un schéma dans le *Développement de la lettre de la Bonne Nouvelle*, 1990). Il se perçoit comme l'instrument choisi pour lutter contre Lucifer qui défait l'œuvre du Créateur.

Au fond, l'époque Bourbaki n'est pas si lointaine. André Weil avait écrit, à propos du théorème de Gödel, et avec un certain humour : « Dieu existe, parce que les mathématiques sont cohérentes. Le Diable existe, parce que nous ne pouvons pas prouver qu'elles le sont. »

Prouver l'existence du Diable, est-ce là sa nouvelle quête ? Ce serait un théorème proprement inouï. L'ermite éprouve dans son corps l'existence du Malin par des combats d'une violence aussi insoutenable que ceux de Marthe Robin, dont il a découvert l'existence. Parce qu'il est traversé par des pulsions suicidaires – cette anorexie qui ne lui laisse que la peau sur les os... –, il pense que rester en vie serait son acte de résistance face à l'adversaire.

Sa folie est implacablement raisonneuse. Il constate que la vitesse de la lumière a été modifiée (par convention internationale) : 300 000 km/s est devenu 298 779 km/s. Qui peut avoir modifié en un nombre aussi laid cette vitesse, qui veut détruire l'harmonie de la création de l'univers, sinon le Diable ? La disparition de l'œuvre de Dieu, il en voit une preuve dans le bitume qui recouvre la terre, dans l'extinction des espèces végétales – et il se lance contre Satan dans la préservation des plantes dans les milliers de litres d'alcool dont il a fait l'acquisition.

« Trouver la langue ». Le mot d'ordre prend un autre sens dans sa vie : le *logos* combattra la destruction, le retour du chaos, cette œuvre du Diable.

Il combattra aussi l'oubli. Ce sera sa dernière obsession, nommer chacun des 74 182 déportés vers Auschwitz – et en particulier les 911 déportés du convoi n° 10. Derrière le temps qui voudrait les ensevelir dans un silence éternel se cache pour Alexandre une intention maléfique, celle d'un SdV (pour *Satan das Verfluchte*, « le maudit »). Il annote la liste mille fois recopiée, établi des liens entre les victimes : nom et prénom, date et lieu de naissance, date et lieu de capture... Ultime géométrie faite de lignes et de flèches entre ces noms. D'ailleurs, Lasserre forme l'un des angles du triangle qui le relie à deux camps d'internement : Noé en Haute-Garonne et le Vernet en Ariège. N'est-ce pas un signe ?

Tel un Adam seul et nu sur sa plage, Grothendieck boucle à Lasserre la courbe de sa vie. Outre des milliers de litres d'alcool pour conserver les plantes, il laisse plus de soixante mille pages d'écrits divers, réparties en quarante boîtes. *Logos*...

13

Perelman le fou de vérité

Un immeuble bancal dans une banlieue triste de Saint-Pétersbourg. Une chambre exiguë. Par le trou de la serrure, on peut apercevoir une chaise, une table et un matelas jeté à même le sol. Le journaliste n'en verra pas plus. Ce jour-là, il a essayé de prendre contact avec un des génies du XXe siècle. Peine perdue. Grigori Perelman s'est retiré du monde.

> Il y a tout de même une sorte de paradoxe ici. Sur la base de quelques anecdotes, on est convaincu d'avoir affaire à un « fou », mais plus on approfondit le sujet, plus on se met à douter de la véracité de cette conclusion. Sommes-*nous* sains d'esprit ?

Grigori Iakovlevitch Perelman est né le 13 juin 1966 dans ce qui était encore Leningrad, d'un père ingénieur et d'une mère professeur. Enfant précoce et solitaire, il entre au club de mathématiques des pionniers de Leningrad à l'automne 1976. « Vilain petit canard parmi les vilains petits canards, il était lourdaud et maladroit [...]. Lorsqu'il essayait d'expliquer une solution à un problème [...], les mots semblaient se bousculer dans sa bouche, comme s'ils arrivaient trop vite, s'immobilisant un moment avant de jaillir dans le désordre. » (Gessen, p. 32)

Les filles, le jeu d'échecs, la lecture, rien ne l'intéresse, sauf peut-être la musique – dont Rameau disait : « C'est une science physico-mathématique. » Une seule chose passionne l'adolescent : la résolution de problèmes mathématiques. Il semble les résoudre entièrement dans sa tête avant de les coucher sur le papier. Il fredonne alors *Introduction et Rondo capriccioso* de Saint-Saëns – ou plutôt, c'est ce qu'il croit faire. Ses camarades parlent plutôt de « hurlements » et de « terreur acoustique »...

Dans un camp d'été, éloigné pour la première fois de sa mère, il néglige totalement son hygiène corporelle au point que c'est Serguei Roukchine, l'animateur du club de mathématiques, qui doit s'occuper de lui. Problème : l'adolescent – il a quinze ans – déteste l'eau...

Il suit les cours de la célèbre et très élitiste École 239 de Leningrad, connue pour son programme exigeant d'apprentissage des mathématiques et de la physique théorique. Le jeune Gricha est un modèle de discipline. Contrairement à ses jeunes camarades, il ne se laisse jamais distraire. Seul l'intéresse le problème tracé sur le tableau noir. Il le fixe du regard. Où est-il, en pensée ? Sans doute dans un autre monde, un monde où règnent l'ordre, le calme et la beauté.

> Bertrand Russell : « La beauté mathématique est froide et austère, comme une sculpture... »
>
> Baudelaire : « Je suis belle, ô mortels, comme un rêve de pierre... »

Sa mère veut s'assurer de deux choses : que son Gricha mange bien et qu'il noue ses lacets. Ryzhik, son mentor, échoue dans les deux tâches. Son protégé ne mange pas grand-chose et ses souliers ne sont jamais lacés. Cela ne se voit pas trop ; d'ailleurs, les autres petits génies ne lacent pas davantage les leurs. Quand on demanda à quelqu'un qui avait connu l'École 239 au temps de Perelman s'il avait remarqué la « bizarrerie » de celui-ci, il répondit : « Bizarre ? Ils l'étaient tous… »

Il reçoit en 1982 la médaille d'or aux Olympiades internationales de mathématiques avec un score parfait : 42 points sur 42. Mais avant d'en arriver là, il lui fallait passer une sorte d'éliminatoire à Leningrad et c'est là que se situe un incident qui en dit long sur sa personnalité. L'épreuve se déroulait ainsi : l'élève résolvait le problème assis à sa place et lorsqu'il pensait avoir la solution, il levait la main. Deux juges l'escortaient alors en dehors de la salle pour écouter sa démonstration. Roukchine se souvient de Perelman exposant la solution d'un des problèmes. Les deux juges se levèrent et lui dirent que sa solution était exacte et qu'il pouvait retourner en classe s'attaquer aux autres casse-tête.

« Attendez ! cria Perelman en attrapant l'un d'eux par le pan de la veste, il y a trois autres démonstrations possibles ! »

> Cela me rappelle un incident survenu dans les premiers jours de mon année de mathématiques supérieures, à Casablanca. Mme Mercier venait tout juste de poser un problème qu'un « taupin », A.R., se leva d'un bond, se dirigea résolument vers le tableau noir, prit une craie et écrivit : « 1re méthode… ». Non seulement, il avait la solution, mais il allait la démontrer de plusieurs manières. Inutile d'ajouter que certains d'entre nous, qui peinaient encore à comprendre le problème, furent découragés au point d'envisager de quitter tout cela et d'aller se faire poètes…

Perelman révélait par là un trait essentiel de son caractère. Il était, comme le disait Roukchine, « d'une probité délirante à un moment où l'essentiel aurait été de gagner du temps ». Délirante, voilà un mot merveilleux pour définir une personne non seulement incapable de proférer une contre-vérité mais aussi de se contenter d'une vérité incomplète. (Gessen, p. 89)

« Délire » et « vérité complète », voilà deux mots qui pourraient nous servir à définir le type de folie de Perelman. La face de Dieu ne saurait être esquissée : elle doit se révéler dans toute sa plénitude.

À Saratov, aux Olympiades nationales, il n'obtint que la deuxième place. Selon ses deux entraîneurs, Roukchine et Abramov, cet échec le perturba profondément. Pourquoi ? Parce qu'il n'était pas *logique*. Lui qui ne commettait jamais de bourde, lui qui résolvait tous les problèmes, comment pouvait-il être seulement deuxième ? Sans doute ne s'était-il pas assez entraîné : à partir de ce jour, il ne fit rien d'autre que des mathématiques. Et il garda pour la vie l'obsession que les choses se déroulent *de façon logique, prévisible*.

14

« Seule la vérité mérite d'être adorée »

Perelman était parfaitement indifférent à la politique. « Dans son lexique personnel, le mot était une insulte », rapporte un de ces anciens condisciples. Pour passer ses examens, il était obligé d'étudier le marxisme et il le faisait parce que c'était obligatoire et qu'il ne remettait jamais en cause la façon dont le monde autour de lui était organisé –, mais il n'en parlait jamais. Seules les mathématiques l'intéressaient et en particulier la topologie : c'est le domaine des abstractions pures, un monde enchanté où l'on atteint l'essence des choses sans qu'elle soit ternie par des approximations. On y est vraiment dans l'idée, le *logos*, dans la tête de Dieu en somme.

De 1982 à 1987, Perelman étudie à l'université de Leningrad. Il travaille avec le célèbre Alexandre Danilovitch Alexandrov, qui a la réputation d'avoir « découvert de nouveaux mondes qu'il hante en solitaire » – une phrase qui pourrait s'appliquer à beaucoup de grands mathématiciens… Alexandrov avait des principes moraux très stricts – il écrivit un ouvrage sur l'éthique scientifique –, ce qui contribua sans doute à renforcer ces mêmes principes chez Perelman. Ce dernier aura une conception absolue, « kantienne », de l'honnêteté : *il faut toujours dire la vérité*. Quand on lui disait que c'était impossible, il répondait qu'il avait connu une personne qui avait incarné ce principe : Alexandre Alexandrov, dont la tombe à Saint-Pétersbourg porte cette inscription : *Seule la vérité mérite d'être adorée.*

Cette obsession de la vérité, où peut-on mieux l'assouvir que dans les mathématiques, qui donnent la vérité du monde ?

En deuxième année, Perelman s'essaie à l'enseignement mais il n'y réussit pas. Trop exigeant vis-à-vis des étudiants de première année, incapable de s'intéresser à autre chose qu'aux mathématiques pures, il s'en va sur un coup de tête. Il n'a que dix-neuf ans.

Son monde commence à se rétrécir.

15

La conjecture de l'âme

L'homme ne vivra pas de pain seulement.
Matthieu, IV, 4

En 1990, il soutient sa thèse à l'institut Steklov. Ses travaux sur les espaces d'Alexandrov lui valent une réputation internationale. Il voyage : Paris, les États-Unis... C'est le mathématicien russe (naturalisé français) Mikhaïl Gromov qui le fait inviter un peu partout, et le présente comme le plus grand théoricien vivant, une sorte de Newton... avant de se corriger : « Newton était un méchant homme. Perelman est bien meilleur que lui. Il doit avoir quelques défauts mais ils sont rares. » Et Gromov d'ajouter : « Il avait des principes moraux... Et cela surprenait les gens. On raconte souvent qu'il se conduisait bizarrement parce qu'il était très droit. » (Gessen, p. 137)

En 1992, il rejoint l'institut Courant à New York, puis l'université de Californie à Berkeley pendant deux ans, entre 1993 et 1995. Son apparence physique étonne : la barbe est hirsute, les ongles trop longs et recourbés et il semble porter tout le temps les mêmes vêtements, en particulier une veste de velours côtelé marron. Il se nourrit surtout de pain noir.

On dit qu'il s'entend à merveille avec Gang Tian, un jeune mathématicien chinois installé aux États-Unis. Perelman a un ami ? Interrogé, Gang Tian hausse le sourcil : « Nous n'avons jamais parlé d'autre chose que de mathématiques. » Un temps. « Ah, si : il nous est arrivé de parler… de pain. Il avait découvert un endroit, près du pont de Brooklyn, où on pouvait en acheter. C'était du pain noir russe. »

C'est à Berkely qu'il prouve la conjecture de Cheeger et Gromoll, dite « conjecture de l'âme ». (Grigori Perelman, « Proof of the soul conjecture of Cheeger and Gromoll », in *Journal of Differential Geometry* n° 40 (1), 1994, p. 209-212.) Pourquoi ce nom ? Cheeger et Gromoll l'avaient introduite en montrant que pour certains objets mathématiques, il suffisait d'en étudier une petite région (l'« âme ») pour en déduire toutes leurs propriétés. L'analogie avec l'âme humaine semble évidente. Est-ce pour cette raison que Perelman s'est intéressé à cette conjecture ? En tout cas, pour l'avoir démontrée, il est le premier à avoir fait passer la conjecture au statut absolu et définitif de vérité. *Objets inanimés, avez-vous donc une âme* ?

Ce résultat et d'autres le font remarquer. Mais malgré des propositions de prestigieuses universités américaines, il décide de retourner à Saint-Pétersbourg à l'été 1995. Il y retrouve l'institut Steklov et sa mère s'occupe de lui. Il est vrai que ses besoins sont élémentaires : il mène la vie d'un pur mathématicien, un *pur esprit.* Puis il disparaît du milieu académique, ne publiant plus aucun travail pendant près de sept ans.

16

« Je sais comment diriger l'univers. »

Le 11 novembre 2002, Perelman publie sur la base arXiv un article de trente-neuf pages qui jette les fondements de la démonstration de la fameuse « conjecture de Poincaré ».

La conjecture de Poincaré était un problème non résolu depuis sa formulation en 1904 par l'illustre mathématicien français. Pour simplifier, disons que la question était de savoir si toute variété de dimension 3 fermée, simplement connexe et sans bord, est une sphère (à une déformation près). La sphère étant tridimensionnelle, la conjecture est difficile à visualiser mentalement.

Il le complètera par deux autres articles, toujours sur arXiv. En 2003, il sort enfin du silence en donnant plusieurs conférences aux États-Unis sur le sujet. Il faudra six mois aux membres des équipes internationales chargées d'examiner les résultats pour *comprendre* le raisonnement de Perelman, et deux ans de vérifications pour qu'on admette qu'il a bel et bien résolu la conjecture de Poincaré. On veut le voir, on veut l'entendre. Les universités les plus prestigieuses lui font des ponts d'or. Il n'en a cure.

En décembre 2005, il quitte l'institut Steklov, où il travaillait depuis plus de quinze ans, et annonce son retrait du monde des mathématiques. Le 22 août 2006, lors de la remise de la médaille Fields à Madrid, il ne se présente pas. Perelman l'Arlésienne… Depuis, il fuit les médias et vit reclus avec sa mère dans un logement dénué de tout confort à Saint-Pétersbourg. Fait-il encore des mathématiques ? On ne sait pas. Il semble qu'il ait une connexion Internet. (Il hante peut-être l'espace virtuel comme autrefois Bobby Fischer, cet autre « fou » génial dont on dit qu'il jouait aux échecs de façon anonyme, sur la Toile. On croit jouer contre un quelconque « pousseur de bois » et, tout à coup, un coup inconcevable, invraisemblable, fait naître le soupçon…) Perelman répond « Je n'ai besoin de rien ! » à travers sa porte fermée à des journalistes venus lui demander un entretien.

En avril 2011, Perelman accorde cependant un entretien publié dans le quotidien russe *Komsomolskaïa Pravda*. (Il y a une controverse autour de cet entretien. A-t-il vraiment eu lieu ?) Il confie s'être « entraîné le cerveau » depuis son enfance avec des problèmes difficiles à résoudre, par exemple : « Vous vous souvenez de la légende biblique de Jésus-Christ marchant sur l'eau ? Je voulais calculer la vitesse avec laquelle il marchait pour ne pas tomber dedans. »

Concernant son refus du prestigieux prix Clay, il explique : « Je sais comment diriger l'Univers. Dites-moi alors, à quoi bon courir après un million de dollars ? »

En 2014, plusieurs journaux russes avancent que Perelman aurait déménagé en Suède (où vit sa sœur) pour travailler dans une entreprise privée dans le secteur des nanotechnologies.

Des mauvaises langues affirment qu'il a déniché une boulangerie qui vend du pain noir.

17

Paul Erdős ou : « Un ami viendra vous voir »

La sonnerie de la porte d'entrée retentit. Vous allez ouvrir, en proie à une légère excitation. Vous savez, bien sûr, qui est le visiteur. Il est là, sur le seuil, sa petite valise posée à côté de lui. C'est un homme frêle, vêtu à la Diable, des lunettes épaisses cachant un regard malicieux. Le travail peut commencer.

Combien sont-ils, ceux qui un jour on reçu le fameux télégramme *J'arrive – stop – Paul,* ce message annonciateur d'une belle moisson de théorèmes ? Parfois, il ne prenait même pas la peine d'avertir. Il se présentait à la porte d'un confrère et disait simplement :

— Mon cerveau est ouvert.

Puis il travaillait avec ledit collègue jusqu'à l'obtention de quelques résultats ou jusqu'à ce que l'ennui ou l'envie de bouger le gagne…

Il rédigea ou cosigna 1 475 articles (seul Euler fit mieux) parus dans vingt-cinq pays différents. Avec 485 coauteurs répartis sur quatre continents, il collabora avec plus de chercheurs que n'importe qui dans l'histoire. On inventa un système original de classification des mathématiciens. Les 485 heureux élus avaient un « nombre d'Erdős » égal à 1 puisqu'ils avaient directement côtoyé le maître. Quiconque avait signé un article avec un de ces privilégiés avait un « nombre d'Erdős » égal à 2 (c'était le cas d'Einstein), et ainsi de suite. À un moment donné, aucun mathématicien en activité dans le monde n'avait un nombre d'Erdős supérieur à 7… Quant à ceux qui n'ont jamais publié le moindre article de mathématiques, ils ont un nombre d'Erdős égal à l'*infini* : autant dire qu'ils sont infiniment loin de lui – ou de la Vérité.

Pendant les vingt-cinq dernières années de sa vie, il travaillait dix-huit heures par jour à grand renfort de café serré. Ne disait-il pas qu'un mathématicien est « une machine qui transforme le café en théorèmes » ? Lui absorbait aussi, quotidiennement, de dix à vingt milligrames de Benzedrine ou de Ritaline. Tout ce qu'il possédait tenait dans sa petite valise, dans laquelle il trouvait encore moyen de fourrer une petite radio – dont l'usage restait mystérieux, puisque la musique n'était selon lui que « du bruit ». Il n'eut ni femme, ni enfants, ni maison. Dans son vocabulaire très particulier, l'homme marié était « capturé », les femmes étaient « les patrons », l'alcool « le poison », et « mort » se disait de quiconque avait cessé de faire des mathématiques. L'art, la fiction, le cinéma, le sexe : rien de tout cela ne l'intéressait.

Faisons défiler, comme dans un documentaire, des témoins. Ce sont trois anciens collègues. Ils déclarent :

— « Je crois bien qu'il a lu *un* roman dans les années 1940 » ;

— « Il a vu son dernier film en 1950. Ça s'appelait *Jours glacés* » ;

— « Je l'ai emmené au centre spatial Johnson voir des fusées. Il n'a même pas levé les yeux… »

Melvyn Nathanson raconte : « Nous l'avons entraîné au musée d'Art moderne [de New York], où ma femme travaille comme conservateur. Nous lui avons montré des Matisse. Il s'en fichait clairement. Il finit par aller s'asseoir dans le Jardin des sculptures et se mit à faire des maths… »

Flatland, d'Edwin Abbott Abbott, semble être la seule œuvre de fiction qu'il ait lue en entier dans sa vie d'adulte. Il faut dire que cette allégorie publiée en 1884 traite, entre autres, du point, de la ligne et des surfaces à travers les aventures d'un carré dont le monde (plat) est mis en cause par la découverte de l'intrusion d'une sphère. Elle suggère également l'existence de dimensions spatiales supérieures aux trois que nous connaissons. Dépasser Dieu…

Bien entendu, il ne savait pas conduire et n'acquit jamais une voiture. Quand il se déplaçait, il comptait sur les autres, parfois de parfaits inconnus, pour lui indiquer le chemin.

Quant à ses habits, ils lui donnaient parfois l'air d'un clochard.

— Je l'avais invité à une fête familiale, raconte un collègue. Ma belle-mère l'a empêché d'entrer : elle l'avait pris pour un vagabond. Finalement, il réussit à se joindre à nous.

— Et qu'a-t-il fait pendant la fête ? Il a dansé ? Il a bu, flirté peut-être ?

— Il a démontré deux théorèmes.

Pendant des années, il voyagea avec sa mère, qui s'occupait de tout. Après la mort de sa mère, ce fut un collègue, Ronald Graham, qui se chargea de « gérer » sa vie. Il endossait les chèques correspondant aux cachets de ses conférences et les déposait à la banque. Graham conservait aussi des copies des milliers d'articles publiés par son ami. Il s'occupait aussi de toute la correspondance reçue par Erdős – et ce n'était pas une mince affaire puisqu'il envoyait plus d'un millier de lettres par an. Le modèle en était : « Bonjour, je suis à tel endroit, je pars demain pour tel autre. Soit k le plus grand entier... » et le reste était un problème mathématique.

Erdős n'était pas un ectoplasme, il avait un corps, il faut bien cela pour exister, un corps rabougri, desséché, malingre. Il n'aimait pas qu'on le touche.

« Il détestait que je l'embrasse », rapporta Magda Fredro, sa cousine germaine, dont il fut très proche.

Quand on lui tendait la main, il se contentait d'un contact furtif. Il se lavait d'ailleurs les mains plus de cinquante fois pas jour. À soixante-dix ans passés, il confia à son ami Vazsonyi qu'il n'avait jamais eu de relation sexuelle. Pourtant, il était amical et compatissant. Mais décidément, son corps le gênait. Était-ce son désir profond de n'être qu'un pur esprit ? Il pouvait rester assis pendant des heures, sans esquisser le moindre mouvement. Seul son esprit était en mouvement. En revanche, s'il était debout, son attitude changeait. « Il sautillait presque sans arrêt ou agitait les bras. On lisait dans ses yeux qu'il réfléchissait en permanence aux mathématiques, processus qui n'était interrompu que par ses remarques pessimistes sur les affaires du monde, la politique ou les problèmes humains en général, dont il avait une vision bien noire. » (Hoffman, p. 98)

Louise Straus, dont le mari fut l'assistant d'Einstein, rencontra Erdős en 1944 à Princeton :

Ernst m'a laissée seule avec lui pendant que lui-même allait travailler avec Einstein. Erdős, je l'ai vite compris, avait du mal à rester assis, surtout lorsqu'il faisait des mathématiques. Et pendant qu'il était sous ma garde, il était en train d'en faire, ce qui signifie qu'il allait et venait dans les rues de Princeton en agitant les mains et en gesticulant frénétiquement. Apparemment, bouger les mains l'aidait à visualiser des sujets géométriques. [...] *À un moment donné, je l'ai perdu de vue* [...] *mais j'ai fini par le retrouver. Il était là, debout, en train de se taper la tête contre un mur.*

Il laça ses souliers pour la première fois à onze ans. Louise Straus affirme qu'en 1948, à trente-cinq ans, il avait encore des difficultés à le faire : « Je me souviens qu'il avançait son pied sous le nez des gens et leur demandait de lui lacer sa chaussure. » (On se souvient que Perelman avait le même problème...) Il beurra sa première tartine à vingt ans : jusque-là, c'était sa mère qui s'en chargeait. Son monde était celui des nombres premiers, où il n'y a ni lacets ni tartine à beurrer.

Il affirma un jour : « La propriété, c'est le vol, disait un socialiste français ? Moi je dis : c'est une plaie. »

Ce qui n'avait pas de rapport avec les mathématiques n'avait aucun intérêt. Pourquoi le posséder ? C'est peut-être pour cela qu'il était d'une générosité folle. Le peu d'argent qu'il recevait pour ses conférences, il le distribuait.

Au début des années 1960, alors que j'étais étudiant au collège universitaire de Londres [...], *Erdős est venu pour un an à titre de visiteur. Après avoir perçu son premier salaire mensuel, il a été accosté à la station d'Euston par un clochard qui lui a demandé de quoi prendre une tasse de thé. Erdős a prélevé un petit montant de la liasse de sa paie pour couvrir ses propres besoins frugaux et lui a donné le reste. »* (Hoffman, p. 12).

Gauss, le « prince des mathématiciens », était également désintéressé. Il n'a publié qu'une partie de ses travaux et n'a jamais cherché la gloire, ni la richesse ni les honneurs. (Derbyshire, p. 51)

Lorsqu'il reçut le prix Wolf, l'un des prix les plus prestigieux et les mieux dotés, Erdős fit don de la quasi-totalité des cinquante mille dollars pour instituer une bourse d'études.

18

Dieu, le fasciste suprême

Erdős avait le sens de la formule : « L'État, c'est moi, disait Louis XIV ? Eh bien, *la réalité, c'est moi.* »

Il composa une épigraphe à son propre usage : « Enfin, je cesse de m'abêtir. » (Je ne sais pas si elle figure vraiment sur sa pierre tombale.) Dieu, il le nommait le FS, le « fasciste suprême », parce qu'il garde pour lui, jalousement, les solutions élégantes aux problèmes mathématiques – au lieu de les partager avec les hommes. (C'est au cours de sa jeunesse que Erdős commença à inventer son propre vocabulaire. On ne pouvait pas parler librement sous la dictature de Horthy, d'où l'idée de prendre un mot pour un autre... Les communistes, par exemple, étaient « ceux de la grande longueur d'onde » parce que le rouge correspond aux grandes ondes du spectre électromagnétique.)

« Je ne suis pas qualifié pour dire si oui ou non Dieu existe. J'ai tendance à en douter. Néanmoins je dis toujours que le FS possède ce Livre transfini [merci, Cantor] – [...] plus vaste que l'infini – qui contient les meilleures démonstrations de tous les théorèmes, des démonstrations élégantes et parfaites. » Mais le FS nous tourmente en gardant pour lui ces merveilles – même si nous arrivons à lui en arracher une de temps à autre. « Il nous a créés afin de tirer plaisir de notre souffrance. »

Ah, le fameux « Livre » d'Erdős – le pendant, pour les mathématiques pures du Livre de Galilée qui donne la vérité physique du monde. Le meilleur compliment qu'il pouvait faire, au vu d'une « belle » démonstration, était : « Celle-là, elle vient directement du Livre. »

(On trouve dans les notes de Gödel un argument qui reprend la thèse leibnizienne selon laquelle le monde mathématique est d'abord réalisé en Dieu. (Les mathématiques sont donc une description de « la pensée » de Dieu.) Gödel en déduit que même si un théorème se laisse énoncer et démontrer de plusieurs façons, il a une seule formulation parfaite qui est « celle qui est réalisée en Dieu », qui est « vue en Dieu ». La similitude avec le « Livre » de Paul Erdős est troublante, même si on peut accorder un certain sens de l'humour à ce dernier – ce qu'on ne peut faire avec Gödel.)

Tchebychev avait démontré en 1850, donc bien avant Erdős, un théorème qui était jusque-là connu comme le « postulat de Bertrand », à savoir qu'entre un entier et son double il y a toujours au moins un nombre premier. Cependant, la démonstration de Tchebychev était « lourde », fruste – pour tout dire, indigne de Dieu. Erdős, alors jeune étudiant (il avait dix-neuf ans), fit sensation en trouvant une démonstration simple et élégante du même théorème. (Elle figure dans le bien nommé *Raisonnements divins* d'Aigner et Ziegler.) Il avait ainsi arraché une page au « Livre »...

« Il n'est pas indispensable de croire en Dieu mais il faut croire en l'existence du Livre. » Cette sentence d'Erdős est l'équivalent en mathématiques pures du « *Hypotheses non fingo* » de Newton. Le Livre, c'est la réalité logique du monde. Inutile de se poser la question du *pourquoi*.

Cependant cette texture logique du monde, il faut encore qu'elle soit belle – c'est à ce prix qu'elle figure dans le Livre. « Il est sans doute très difficile de définir la beauté mathématique – mais n'en va-t-il pas ainsi de toute beauté ? » disait Hardy. Pourtant, Aristote l'avait fait, plus de deux mille ans plus tôt : « Les formes les plus frappantes du beau sont l'ordre, la symétrie, la précision ; et ce sont les sciences mathématiques qui s'en occupent éminemment. » (*Métaphysique*, M, 3)

Pour ce qui est de la *démonstration*, on peut avancer une définition : dans une belle démonstration, il y a l'inévitable, le fatal, cet enchaînement de propositions qui se déduisent l'une de l'autre ; il y a l'inattendu, l'une de ses propositions pouvant être inattendue ; il y a aussi (surtout ?) l'*économie du geste*. Pour Goethe, c'est justement dans la mesure, dans la restriction, que se montre le maître – « *In der Beschränkung zeigt sich erst der Meister.* » Il va au cœur, à l'essentiel.

J. Willard Gibbs donna la conférence la plus courte de l'histoire dans les années 1920, au cours d'un congrès consacré au thème « Langage et mathématiques ». Il monta sur l'estrade, prononça quatre mots (« *Mathematics* is *a language* » en insistant sur le « *is* »), puis alla se rasseoir. Si ce n'est pas de la concision…

Pour Erdős, comme pour beaucoup d'autres, les mathématiques sont une quête sans fin de la beauté et de la vérité. Le néoplatonisme rejoint le néopythagorisme quand le spécialiste des nombres qu'est Erdős affirme implicitement que la beauté ne peut aller sans les nombres (on a entre-temps encaissé le choc de l'incommensurabilité de la racine de 2…) : « Je sais que les nombres sont beaux. S'ils ne le sont pas, alors rien ne l'est. »

Pythagore disait-il autre chose quand il nommait « aimables » (l'amour, *ultima ratio...*) ou « parfaits » des nombres ?

Deux nombres sont aimables lorsque chacun d'eux est égal à la somme des diviseurs propres de l'autre. La plus petite paire est 220 et 284.) En 850, l'astronome et mathématicien arabe Thabit ibn Qurra (826-901) a élaboré une formule qui permet d'en générer à volonté, mais sa formule ne génère pas *tous* les nombres aimables qui existent. (On ne sait toujours pas le faire, on ne sait pas non plus si leur nombre est fini ou infini.) Dans la Genèse (32 : 14), Jacob offre 220 chèvres à son frère. Une coïncidence ? Pythagore disait : « Un ami est un autre moi et il en est ainsi de 220 et 284. » Jacob aurait-il cherché à s'assurer l'amitié d'Esaü en faisant le premier pas ? Si son frère lui en avait offert 284 en retour, nous aurions eu la preuve que Dieu est mathématicien.

Pythagore nommait « nombre parfait » tout entier égal à la somme de tous les autres entiers qui le divisent. Le premier nombre parfait est 6. Tiens ? Dieu n'a-t-il pas créé le monde en six jours ? Pour saint Augustin, ce n'est pas une coïncidence : « Six est un nombre parfait par lui-même et non parce que Dieu a créé toutes choses en six jours. C'est plutôt l'inverse qui est vrai : Dieu a créé en six jours *parce que ce nombre est parfait.* »

Autrement dit, ce qui vient en premier, c'est le nombre, avant la chose. Elle vient de loin, la passion d'Erdős pour les nombres premiers, « ses seuls amis intimes », selon un de ses collègues. (Ils étaient aussi les « seuls amis intimes » de Ramanujan et autres génies...) Peut-être s'agit-il d'une nostalgie du Paradis perdu *où tout n'est qu'ordre et beauté*. Beaucoup de ces hommes étaient autistes – Perelman est, selon plusieurs psychiatres, un cas évident de syndrome d'Asperger.

Erdős traversa les plus grandes tragédies du siècle, la montée du fascisme et de l'antisémitisme, les horreurs de la Seconde Guerre mondiale, la guerre froide et l'angoisse de l'apocalypse nucléaire. (On a vu plus haut que le dernier film qu'il avait vu était *Jours glacés* : c'est le récit des atrocités commises à Novi Sad en Yougoslavie, pendant la guerre.) Les mathématiques constituaient un monde apaisant, fascinant, enchanté… Autre chose que ce bas monde, cruel, impitoyable, imprévisible.

Et c'est là qu'on peut retourner à la fameuse phrase de Husserl dans *La Crise dans les sciences européennes et la phénoménologie transcendantale* : « Dans la détresse de notre vie […], cette science n'a rien à nous dire. Les questions qu'elle exclut par principe sont précisément les questions qui sont les plus brûlantes à notre époque malheureuse pour une humanité abandonnée aux bouleversements du destin : ce sont les questions qui portent sur le sens ou l'absence de sens de toute existence humaine. » À un Paul Erdős, confronté à l'absurdité du monde et à l'atrocité des « bouleversements du destin » (le XXe siècle a atteint le pire, dans ce domaine), les mathématiques ont au contraire tout à dire, tout à donner : le sens même de la totalité, de l'Être – puisque rien n'a de sens à un niveau subalterne.

Le paradoxe vertigineux est donc que ceux qui tournent le dos au monde (Erdős, Grothendieck, Perelman…) sont justement ceux qui en donnent les clefs… Mais on pourrait aussi dire ceci : c'est justement parce qu'ils donnent les moyens de comprendre le monde idéal qu'ils tournent le dos à celui « de la génération et de la corruption » – le nôtre…

Qui sont les fous ?

19

La voie la plus sûre vers l'immortalité

Après la mort de sa mère, Erdős faillit sombrer dans la dépression.

« Mais, raconta-t-il, Paul Turan me rappela que "nos mathématiques sont une solide forteresse". »

Il se jeta de nouveau dans l'univers des nombres et échappa ainsi au désespoir. Les mathématiques pures constituent un refuge parce qu'elles sont un monde en soi, un monde clair, logique, autonome et entièrement fermé sur lui-même, où la mort n'existe pas. Erdős disait : « Les mathématiques sont la voie la plus sûre vers l'immortalité. » Et aussi : « Il n'y a qu'une seule certitude : celle que donnent les mathématiques. »

Nul n'est prophète dans sa famille. Magda Fredro ne comprenait rien aux travaux de son génial cousin. C'était son côté « singe savant » qui la frappait : « Un jour, il a recherché six numéros de téléphone puis nous avons bavardé pendant une demi-heure, après quoi il a appelé ses six correspondants en composant de mémoire leurs numéros. Ça, ça m'a impressionnée. »

Il faut dire que les anecdotes abondent, dans ce domaine. En 1936, un de ses amis d'enfance, Vazsonyi, travaille à étendre le théorème de Königsberg aux graphes infinis. « J'avais seulement la condition nécessaire, pas la condition suffisante. C'est sur cela que je travaillais. Hélas, j'ai fait l'erreur de lui en parler au téléphone. Il m'a rappelé vingt minutes plus tard pour me dicter la démonstration de la condition suffisante… »

Un jour, à Princeton, Erdős assiste à une conférence donnée par un physicien, Mark Kac. Notre homme somnole. Tout à coup, il se redresse : il vient d'entendre les mots magiques « diviseurs premiers ». À sa demande, le conférencier explique de nouveau la nature du problème que lui posent lesdits diviseurs premiers dans ses recherches en cours, puis il continue. Quelques minutes plus tard, Erdős l'interrompt de nouveau et lui énonce la solution…

Voici deux anecdotes qui se sont déroulées à près de mille ans de distance mais dont la similitude m'enchante :

« Un jour, à Trinity College, dans les années 1930, Erdős et mon mari Harold étaient assis dans un lieu public. Ils se sont mis à réfléchir pendant plus d'une heure sans prononcer un seul mot. Puis, à un moment donné, Harold a rompu le long silence en disant : “Ce n'est pas zéro, c'est un.”

La joie s'empara des deux hommes. Autour d'eux, on les croyait fous. Ils l'étaient, bien sûr. » (Hoffman, p. 7)

Un jour, à Damas, il y a mille ans, un maître soufi reçut un autre maître soufi qui était venu d'Andalousie pour le rencontrer, voyageant à dos de mulet pendant des mois, traversant des territoires inhospitaliers, souffrant la faim, la soif, le froid ou le Soleil brûlant. Les deux hommes s'étreignirent puis se regardèrent pendant de longues minutes sans prononcer un seul mot. Puis l'hôte rompit le silence en disant : « Oui. »

La joie s'empara du visiteur. Il remonta sur sa mule et s'en retourna chez lui, en Andalousie, la joie au cœur.

Autour d'eux, personne ne les croyait fous.

On les savait soufis.

20

La vraie vie est à l'asile

Il passa presque toute sa vie à la même adresse (57, Grande-Rue), mais quand il la donnait, André Bloch (1893-1948) ne précisait jamais que c'était celle de l'asile psychiatrique de Charenton…

André Bloch, très doué pour les mathématiques, entre à l'École polytechnique en même temps que son frère Georges en 1912. Lorsque la guerre mondiale éclate, les deux frères sont appelés sous les drapeaux. Ils sont tous les deux blessés. Le 17 novembre 1917, André, alors en congé de convalescence, tue dans des conditions particulièrement horribles son frère, sa tante et son oncle. Après son triple meurtre, il est interné à l'asile psychiatrique de Charenton. Il n'en sortira jamais.

Jusqu'à sa mort, pendant près de trente ans, il ne fera plus qu'une chose : des mathématiques. Toutes ses publications, y compris celles relatives à l'énigmatique « constante de Bloch », ont été écrites à Charenton. Il correspondit avec plusieurs mathématiciens renommés, dont les illustres Jacques Hadamard et Henri Cartan – le maître de Grothendieck. La plupart n'étaient pas au courant de son étrange situation. Selon le mathématicien hongrois György Pólya, Bloch avait l'habitude de dater ses lettres du 1er avril, quel que soit le jour de l'année où elles étaient écrites.

André Bloch, transféré à Sainte-Anne, y mourut des suites d'une leucémie en 1948. Deux choses sont particulièrement troublantes dans ce cas pour le moins *dérangeant*. Tout d'abord, comment un « fou » – c'est ainsi que Bloch se désignait lui-même – a-t-il pu se livrer, pendant toutes ces années, à l'activité la plus rationnelle qui soit ?

La deuxième interrogation surgit quand on lit ce petit récit : « Le mathématicien et écrivain François Le Lionnais, fondateur de l'Oulipo avec Raymond Queneau, a rencontré André Bloch à Charenton. "Quand je l'ai vu, j'ai vu l'homme le plus heureux de la Terre. Il avait une cellule de moine [...]. Il n'était obsédé que par une chose : les mathématiques." » (Lemire, p. 203). Il ne fit rien d'autre pendant toutes ces années.

L'homme le plus heureux de la Terre ?

Dans sa cellule exiguë de l'asile psychiatrique, sans présence humaine, sans aucune distraction, André Bloch vivait-il, au sens où nous l'entendons ? Ou bien sa *vraie* vie était-elle ailleurs, dans ce monde opaque aux uns et familier aux autres qui est fait de chiffres, de symboles, d'équations ? N'est-il pas alors le cas extrême de cette folie mathématique qui consiste à fuir ce monde effrayant pour aller en arpenter un autre, à l'étrange familiarité, et dans lequel rien, jamais, ne se produit au hasard ?

Paul Erdős dans l'errance continue, André Bloch confiné dans sa cellule... On pourrait croire que leurs existences étaient aux antipodes l'une de l'autre – mais au fond, ne vivaient-ils pas dans le même monde, tout entier contenu dans les limites de leur cerveau ?

21

Kurt Gödel, les anges et le Diable

L'anecdote est savoureuse. Voici comment M. D., notre professeur de mathématiques, nous la raconta. Un jour, Kurt Gödel fut convoqué par les autorités compétentes pour passer une sorte d'examen à l'issue duquel il devait obtenir la nationalité américaine. Ses amis (Einstein, John von Neumann, Oskar Morgenstern, excusez du peu...) lui firent subir une sorte de répétition générale.

— Et la Constitution des États-Unis, Kurt, tu l'as bien apprise par cœur ?

À quoi l'autre répondit sans s'émouvoir :

— Oui. J'y ai trouvé plusieurs contradictions. Je vais les leur démontrer.

On imagine le « noooon ! » affolé des autres...

Kurt Gödel, qu'on a déjà croisé au cours des pages précédentes, naquit à Brno (dans l'actuelle Tchéquie) en 1906 et fit ses études à Vienne. Il publia ses travaux les plus importants très jeune, avant la trentaine, puis alla s'installer à Princeton où une grande liberté était laissée aux « génies » qu'on y accueillait – le premier d'entre eux étant Einstein. (Ce dernier disait plaisamment qu'il n'allait à son bureau que pour le plaisir d'en revenir à pied en devisant avec son ami Gödel.)

En Amérique, Gödel ne publia que des résultats scientifiques obtenus dans sa jeunesse, en Autriche. En revanche, il noircit des milliers de pages de notes de philosophie, de psychologie, d'élucubrations diverses. Petit à petit, il glissa vers un mysticisme proche de la démence.

Gödel souffrait de la manie de la persécution. Il était d'une extrême prudence dans ses notes philosophiques parce qu'il craignait de toucher à des sujets trop sensibles, qui auraient déclenché la controverse. À ses yeux, la philosophie était une « science persécutée ». Il était persuadé qu'une société secrète voulait détruire les écrits de Leibniz et pensait que Husserl avait été obligé de cacher le secret de ses découvertes pour éviter les représailles – de qui ? On ne sait trop. « De la structure du monde », affirmait Gödel. Comprenne qui pourra. Sa paranoïa finit par le tuer. Il mourut d'inanition parce qu'il se nourrissait à peine, tant il craignait d'être empoisonné. Le jour de sa mort, il pesait trente kilos…

Il était fasciné par la vie des grands mystiques et publia une « preuve » de l'existence de Dieu basée sur le fameux argument ontologique d'Anselme et sur des idées de Leibniz.

22

Une folie très raisonnable

Ce qui est fascinant chez Gödel, c'est que sa folie était en apparence très rationnelle. Ainsi, ce fut à partir de profondes réflexions sur l'intuition et l'incomplétude (dont il était évidemment l'expert) qu'il envisagea l'existence d'un univers « idéal », parallèle au nôtre (l'univers « réel », « sensible »). Dans cet univers idéal, les vérités mathématiques « existeraient » indépendamment de nous et de notre univers. On n'est pas loin de Platon… si ce n'est que Gödel plaçait dans cet univers « mathématique » les anges et le Diable puisque ce sont des êtres sans substance physique, de pures abstractions.

On peut le démontrer ainsi : le cerveau humain surpasse la machine de Turing (l'archétype de nos ordinateurs) puisqu'il est capable de concevoir des vérités « indécidables » ; *donc* l'esprit humain est une réalité indépendante du monde sensible – dont toutes les vérités peuvent être générées par des machines de Turing. (Qu'aurait pensé Descartes de cette démonstration rigoureuse de son strict dualisme ?) L'esprit humain (l'âme de l'homme) n'appartient aucunement au monde sensible : il se trouve dans l'univers idéal, mathématique. Les vérités mathématiques n'ont pas d'existence autonome par rapport à l'esprit humain puisqu'il s'agit, au fond, d'une seule et même chose. (On rejoint ainsi la théorie d'Aristote, telle qu'explicitée par Averroès, de l'« âme universelle ».)

Lisant les textes de Gödel, on se prend à paraphraser Diderot. « Est-il fou ? Est-il génial ? »

Lorsqu'il utilise son propre théorème d'incomplétude pour lutter contre le matérialisme métaphysique qui ne reconnaît que la matière (comme un tas désordonné où rien n'aurait de sens), est-il fou, est-il génial ? Qui est cet homme qui écrit : « Mon théorème montre [...] que la mécanisation des mathématiques, c'est-à-dire l'élimination de l'esprit et des entités abstraites, est impossible » ?

Sa vision d'un monde réel limité (par « incomplétude ») et voulu tel par Dieu, conduisit Gödel à taxer d'*hubris* la philosophie, et en particulier la métaphysique, dès lors qu'elles recherchent les « fins dernières » ou « *la* vérité ». Mais n'était-ce pas précisément ce que lui-même faisait ? Il est possible que cette contradiction eût exacerbé sa paranoïa. N'était-il pas en danger, puisqu'il s'était livré à une activité défendue ?

Gödel fut obsédé par un paradoxe : le concept d'esprit humain est lui-même pensé par un esprit humain qui envisage l'ensemble des objets dont les esprits humains font l'expérience... alors qu'il est lui-même dans l'ensemble dont les humains font l'expérience. N'y a-t-il pas là une impossibilité logique ! (On retrouve ici *formellement* le paradoxe de Cantor qui conduisit ce dernier à poser Dieu comme l'infini absolu.) Comment en sortir ?

« Je pense qu'un tel concept fera intervenir un élément extra-mathématique concernant la psychologie de l'être qui fait des mathématiques », dira-t-il. On retrouve une idée analogue dans les papiers de Grothendieck.

Gödel finit par perdre confiance en lui. Paul Erdős essaya de l'aider. « J'ai beaucoup discuté avec Gödel. Il était d'une intelligence remarquable. Il comprenait tout, même ce sur quoi il ne travaillait pas. Bizarrement, il a très peu publié. » (À côté d'Erdős, qui peut se vanter d'avoir publié ?) Puis il ajoute, faisant allusion aux obsessions métaphysiques du logicien viennois : « Je me disputais souvent avec lui. [...] Nous avons pas mal étudié Leibniz et je lui ai dit : "Tu es devenu mathématicien pour que les gens t'étudient toi, pas pour que tu études Leibniz." »

Erdős aidant Gödel, lui donnant des conseils, s'inquiétant de sa santé mentale... Dans ce monde de brutes qui est le nôtre, les mathématiciens, même fous, formeraient-ils un îlot de salubrité ?

23

Le mystère des deux chambres

Hier soir, dîner chez les Gödel. Je me rends compte de plus en plus que c'est un homme exceptionnel, mais un peu fou, qui voit des fantômes partout.

Oskar MORGENSTERN

En décembre 1935, Gödel quitte précipitamment Princeton pour rentrer à Vienne. Arrivé à Paris, il s'installe à l'hôtel et n'en bouge plus. Il téléphone longuement à son frère le 7 décembre. Il reste à Paris du 7 au 11 décembre, en réglant une chambre les 7 et 8, puis *deux* chambres les 9, 10, 11. On peut supposer que son frère est venu de Vienne – pourquoi ? pour le ramener à la maison ? Mais pourquoi ce frère, qui vient de fonder une clinique et est débordé de travail, serait-il resté trois jours à Paris ?

Plus étonnant encore : ledit frère quand on l'interrogea, n'avait aucun souvenir d'être venu chercher Kurt, et encore moins d'avoir passé trois jours dans la Ville Lumière – ce ne sont pourtant pas des choses qu'on oublie.

Alors, quoi ?

On sait que Gödel travaillait à ce moment-là sur la question des *êtres irréels*. Se sentait-il poursuivi et menacé par un double ? Lui aurait-il donné une chambre pour s'en débarrasser ?

La folie du double est présente dans ses spéculations sur le temps : « La différence entre le temps et l'espace est que je me trouve moi-même dans le passé. Ou bien c'est une contradiction ou bien cela signifie que je me vois dans le passé comme dans un miroir. » Pour écarter ces doubles, il refuse la réalité du temps (on imagine sans peine la teneur de certaines discussions avec Einstein, dans les rues ombragées de Princeton…) qui conduirait à avoir un *je* du passé en soi. Avoir un inconnu en soi, qui a pouvoir sur nous et nos actions, est une idée terrifiante. Il faut l'éliminer.

V

CONCLUSION

Nadie rebaje a lágrima o reproche
esta declaración de la maestría
de Dios, que con magnífica ironía
me dio a la vez los libros y la noche.

Jorge Luis BORGES

En essayant de répondre à la question de M. D., j'ai distingué trois visages de la folie qui, tous les trois, ont quelque chose à voir avec Dieu – d'où le titre de cet essai.

La première est cette quête de l'infini, semée d'embûches, interdite par l'Église, et qui se clôt avec Georg Cantor. Sublime victoire, mais c'est une victoire à la Pyrrhus : la clef de voûte de la belle construction de Cantor, l'hypothèse du continu, entraîne la découverte par Kurt Gödel de ses fameux théorèmes d'incomplétude.

En touchant à l'infini, le mathématicien avait osé se mesurer à Dieu, et Dieu s'était vengé avec cette « magnifique ironie » dont parle Borges, en posant une limite infranchissable à la seconde forme de folie, la recherche de la structure logico-mathématique du monde.

Là, il s'agissait de *comprendre* Dieu. Ce programme fut plus ou moins mené à bien en physique mathématique (avec l'apothéose de l'équation d'Einstein), mais, de nouveau, il fallut payer le prix : la « dérobade » du réel, dans l'infiniment grand comme dans l'infiniment petit – est-ce, pour paraphraser Borges, *la maestria de Dieu / qui m'a donné à la fois les livres et la nuit (la cécité)*...?

Quant à la troisième forme de folie, l'exploration de l'au-delà du monde, le formalisme débridé, ce dépassement de Dieu se paie aussi d'un prix sévère : la perte de sens.

Y a-t-il un remède ? Des quatre « fous » ici étudiés ce sont Gödel et Grothendieck, plus que Paul Erdős et Perelman, qui nous en suggèrent un.

Mais d'abord, une apologie...

1

Ces merveilleux fous volants…

Ces merveilleux fous volants dans leurs drôles de machines, j'ai vu ce film d'aventures dans mon adolescence. Il ne m'en est pas resté grand-chose, sauf le titre. Il me revient parfois en mémoire mais il s'agit toujours d'un mathématicien, jamais d'un aviateur, quand j'en vois un s'envoler vers son Paradis fait de nombres et d'équations…

Boris Vian dédicaça ainsi son roman *Vercoquin et le plancton* : « À Jean Rostand, avec mes excuses. » Je voudrais, à mon tour, dédier cet essai aux mathématiciens, *avec mes excuses* pour l'emploi répété des mots « folie », « démence », « déraison », etc. Je ne peux que dire ici, une fois de plus, que je crois passionnément que ce sont eux qui possèdent la vérité du monde – que ce soit dans l'édifice des mathématiques pures ou dans les équations de la physique mathématique.

Oui, ce sont de merveilleux fous, ces « matheux », échevelés ou non, flamboyants ou plutôt ternes, loquaces ou taiseux, qui ont tenu le serment du scribe Ahmès : nous révéler *tout ce qui est* – alors que les grands prêtres ne nous vendaient que des niaiseries pour nous abêtir et nous asservir. Ils l'ont fait, ces héros, en s'en tenant à un programme auquel on a attaché ici les noms d'Averroès, de Faust (celui de Marlowe) et de Galilée.

Oui, ce sont eux, les mathématiciens, qui ont déchiffré le grand Livre du monde, qui ont énoncé le Verbe authentique, celui qui perpétue à chaque instant *ce qui est*. Comment leur reprocher alors de perdre la raison quand ils ont pu contempler la Beauté nue, comme Euclide, comme Euler, comme Heisenberg qui, tous, auraient pu reprendre à leur compte le cri insensé de Hallaj : « Je suis la Vérité ! » – et qui avaient bien plus que le crucifié de Bagdad le droit de le faire. C'est le Pascal géomètre que j'admire, pas l'autre.

Oui, ils ont écrit les « équations du monde », celle de Newton et de Laplace d'abord, puis celle d'Einstein, qui en donne à la fois la géométrie et la substance. Quel « fou de Dieu » barbu, vociférateur et menaçant arrive à la cheville de l'apatride qui la traça de sa plume – que j'imagine crissante, parce que réticente à révéler ce secret – sur une feuille de papier, une simple feuille qui vaut pour moi tous les Livres ?

Oui, ils sont la noblesse de l'espèce humaine, qu'ils aient eu effectivement le plus noble des comportements, le plus désintéressé – Gauss, Erdős, Grothendieck, Perelman… –, ou qu'ils aient cédé à des tentations humaines, trop humaines, et fait parfois montre de mesquinerie. Peu importe. La noblesse de l'espèce consiste à *refuser de s'abêtir*.

Celui qui croyait au Ciel, celui qui n'y croyait pas, ils ont tous été des arpenteurs infatigables du Paradis d'Euclide et de Cantor et leurs continuateurs, aujourd'hui, ne font pas autre chose. Ils sont dignes d'admiration.

2

Échapper à la folie

Il y a une voix qui n'utilise pas les mots. Écoute.

Djalal Al-din RUMI

Revenons à notre propos. Qu'est-ce qui a « mal tourné », pour les génies que nous avons étudiés ici ? On peut tenter quelques explications, ébaucher quelques pistes…

Gödel, pas plus que Grothendieck ou Erdös, n'appréhende Dieu – quel que soit le contenu que l'on donne à ce mot – avec le cœur. Il ne parle jamais du rôle des émotions ou des sentiments dans son système, de leurs influences sur l'esprit et le cerveau, alors qu'il est lui-même sous l'emprise de ses émotions (l'angoisse surtout, et la peur).

Comme Grothendieck, il s'enferme dans ses raisonnements, jusqu'au délire obsidional. On pourrait sans doute parler de « surcharge intellectuelle ». Il réfléchit trop et plus il le fait, plus il veut formaliser et expliquer son angoisse… Il développe alors de nouvelles peurs, des phobies, des obsessions auxquelles il veut donner un sens par la logique scientifique. Décidément, comme le disait Chesterton, c'est bien la logique qui rend fou…

Weng, le biographe de Gödel, note : « Il était *fanatiquement* rationnel – ce qui n'est plus du tout rationnel. » Il n'est pire folie que celle du sage, dit un proverbe.

Les deux, Gödel et Grothendieck, éprouvaient une fascination pour les extases mystiques, pour ce moment où l'esprit se détache du corps – le *f'na*, l'anéantissement –, ce moment où le mystique atteint la connaissance de l'absolu et de l'infini… mais ont-ils vraiment compris de quoi il s'agissait ? La tradition mystique pose la voie qui mène à l'Absolu comme étant celle de l'amour – *al-hubb,* chez Hallaj et Ibn Arabi – et non celle de la raison, de la logique. Saint Jean de la Croix parlait de l'« échelle de l'Amour », dont le dixième et dernier degré était celui de l'assimilation de l'âme avec Dieu.

« Dieu » n'est pas vu par Grothendieck et Gödel comme souffle d'amour, donc de vie. Il est d'ailleurs troublant de constater que les deux hommes terminèrent leur vie décharnés, la peau sur les os. La vie (la « vraie » vie) ne circule plus en eux depuis longtemps. Gödel avait la phobie de tout ce qui maintient en vie : la nourriture, l'air…

Or la vie, ce « souffle d'amour », cette flamme, c'est dans le corps qu'elle brûle. Les quatre « fous » ici étudiés avaient un rapport problématique avec leur corps, c'est le moins qu'on puisse dire. Les quatre – ce ne peut être une coïncidence – le négligeaient. Deux d'entre eux n'ont eu aucune vie sexuelle. Les deux autres moururent à l'état de squelette.

L'une des mathématiciennes les plus attachantes de l'histoire, l'Italienne Maria Gaetana Agnesi (1718-1799), rêvait du couvent parce qu'elle « trouvait toutes les satisfactions dans la géométrie ». Pas de folie ici, mais un mépris du corps comparable à celui de nos quatre hommes. Et avant elle, il y eut Pascal, cet « effrayant génie » (Chateaubriand) qui portait un cilice et remerciait Dieu de faire atrocement souffrir ce corps qui était pourtant le sien…

Le mépris du corps, donc. Mais il y a autre chose.

Pour les deux, Gödel et Grothendieck, il s'agit plus de *comprendre* Dieu que de le *connaître.* « Savoir ne résout pas le mystère, il l'approfondit », disait le pasteur Bonhoeffer. Les mystiques, eux, visent la rencontre plutôt que le savoir. Pas de convergence au sens de Teilhard, ici. Au contraire, les deux chemins divergent. Vouloir « comprendre » plutôt que « rencontrer », peut-être est-ce là l'écart, la faille de laquelle naît la folie des mathématiciens.

Dans *L'homme sans qualités*, Robert Musil parle de « la singulière prédilection de la pensée scientifique pour ces explications […] auxquelles on dirait qu'on a *enlevé le cœur* ».

Cette faille, ils la nomment tous deux « le Diable ». L'Adversaire empêche effectivement la rencontre. Ce n'est pas lui qui dérange les cercles des mathématiciens comme le soldat romain à Syracuse, ce serait peut-être même lui qui les trace dans le sable (on pense ici à la mathématisation de la pensée, cet autre « projet cartésien »…). Il les empêche ainsi de lever les yeux au ciel. Il suffirait pourtant de ce geste pour écouter la « voix qui n'utilise pas les mots ».

Car enfin, de deux choses l'une :

— Soit l'on croit que les mathématiques pures et la physique mathématique expriment la vérité du monde *et on s'en tient là*, et alors il faut jouer des percussions comme le libre penseur Feynman, s'épuiser dans des marathons comme l'agnostique Turing ou courir le jupon comme l'athée Russell – vivre, quoi.

En ce qui concerne les croyants, nous avons vu plus haut que l'attitude de Laplace suggérait une issue : « J'ai l'extraordinaire privilège de *comprendre* le mystère du monde, mais cela ne veut pas dire que je sois en “prise directe” avec Dieu. Dieu reste *infiniment* éloigné. En revanche, sa Création est tout autour de moi et je peux l'appréhender *more geometrico.* »

— Soit l'on cherche *autre chose* au-delà des équations mais alors, par définition, il faut sortir de sa zone de confort faite tout entière de raisonnements et aller vers la mystique « qui n'utilise pas les mots » selon la profonde pensée de Rumi – j'ajouterais : « ... et encore moins les chiffres ».

Il y a une convergence teilhardienne entre le mystique persan et un certain ermite de notre temps. « Ce qu'on ne peut dire, il faut le taire », écrivait celui-là. Une formulation analogue s'impose ici. Ce qu'on ne peut lire dans le Livre du monde, ce qu'on ne peut lire *tout court* parce qu'il n'est pas fait de mots, *cela* il ne faut pas le négliger pour autant : c'est peut-être ce qui donne du monde le sel et le sens.

C'est peut-être ce qui nous préserve de la folie.

Remerciements

Bernard Barrault pour avoir cru en ce projet (lui pour qui les mathématiques sont du chinois) et pour avoir patiemment subi l'explication de l'« ensemble triadique de Cantor » à La Closerie des Lilas.

Hassan Mriouah, mon ancien condisciple des classes de mathématiques supérieures et spéciales du lycée Lyautey, pour des discussions fructueuses à Amboise (à l'ombre du château et du génial Léonard…).

Émilie Fort-Ortet pour les interminables discussions sur Gödel et Grothendieck et pour son soutien sans faille pendant l'écriture de cet essai.

Ma famille, pour le reste.

Bibliographie

Aigner, Martin, Ziegler, Günter M., *Raisonnements divins*, Paris, Springer, 2002.

Benmakhlouf, Ali, *Averroès*, Paris, Perrin, « Tempus philo » 2009.

Borel, Émile, *Éléments de la théorie des ensembles*, Paris, Albin Michel, 1949.

Boyer, Carl B., *A History of Mathematics*, New York, John Wiley & Sons, 1968.

Bringuier, Georges, *Alexandre Grothendieck*, Toulouse, Privat, 2015.

Brunschvicg, Léon, *Pascal*, Paris, Rieder, 1932.

Cassou-Noguès, Pierre, *Les démons de Gödel*, Paris, Seuil, 2007.

Cotta, Alain, *L'Ivresse et la Paresse*, Paris, Fayard, 1998.

Dehornoy, Patrick, « Cantor et les infinis », *Gazette des Mathématiciens*, n° 121, juillet 2009.

Derbyshire, John, *Prime Obsession*, Washington, Joseph Henry Press, 2003.

Dieudonné, Jean, *Abrégé d'histoire des mathématiques (1700-1900)*, Paris, Hermann, 1978.

Dowek Gilles, *Les Métamorphoses du calcul. Une étonnante histoire de mathématiques*, Paris, Le Pommier, 2007.

Dumas, Jean-Baptiste, *Discours et éloges académiques*, t. 2, Paris, Gauthier-Villard, 1885.

Espagnat, Bernard (d'), *À la recherche du réel*, Gauthier-Villars, Paris, Presses Pocket, 1991.

Einstein, Albert, *Quatre conférences sur la théorie de la relativité*, Paris, Gauthier-Villars, 1971.

Forti, Augusto, *Faust, le diable et la science*, Paris, PUF, 2017.

Gabriel, Markus, *Pourquoi le monde n'existe pas*, Paris, J.-C. Lattès, 2014.

Gessen, Masha, *Dans la tête d'un génie*, Paris, Globe, 2013.

Guedj, Denis, *L'Empire des nombres*, Paris, Gallimard, 1996.

Gusdorf, Georges, *La Révolution galiléenne*, t. 1, Paris, Payot, 1969.

Gustof, Georges, *de l'histoire des sciences à l'histoire de la pensée*, Paris, Payot, 1977.

Hackett, Jeremiah, « Averroès and Roger Bacon on the Harmony of religion and philosophy », Ruth Link-Salinger (ed.), *A Straight Path : Studies in Medieval Philosophy and Culture : Essays in Honor of Arthur Hyman*, Washington, The Catholic University of America Press, 1989.

Heisenberg, Werner, *Wandlungen in den Grundlagen des Naturwissenshaft*, Stuttgart, S. Hirzel Verlag, 1959.

Hoffman, Paul, *Erdős. L'homme qui n'aimait que les nombres*, Paris, Belin, 2000.

Husserl, Edmond, *La Crise des sciences européennes et la phénoménologie transcendantale*, Paris, Gallimard, « Tel », 1976.

Launay, Mickaël, *Le Grand Roman des maths*, Paris, Flammarion, 2016.

Lecourt, Dominique (dir.), *Dictionnaire d'histoire et philosophie des sciences*, Paris, PUF, 2006.

Lemire, Laurent, *Ces savants qui ont eu raison trop tôt*, Paris, Tallandier, 2013.

Magnan, Christian, *Et Newton croqua la pomme*, Paris, Belfond, « Sciences », 1990.

Monod, Jacques, *Le Hasard et la Nécessité*, Paris, Seuil, 1970.

Omnès, Roland, *Philosophie de la science contemporaine*, Gallimard, « Folio Essais », 1994.

Pineiro, Gustavo Ernesto, *Le Compte de l'indénombrable : Cantor et l'infini mathématique*, Paris, RNA France, 2014.

Plum, Werner, *Les Sciences de la nature et la technique sur la voie de la « révolution industrielle »*, Bonn-Bad Godesberg, Friedrich-Ebert Stiftung, 1976.

Plutarque, *Vie des hommes illustres*, Paris, Gallimard, « Pleiade », 1937.

Poincaré, Henri, *La Science et L'Hypothèse*, Paris, Flammarion, 1902.

Poincaré Henri, *La Valeur de la science*, Paris, Flammarion, 1905.

Poincaré, Henri, « La logique de l'infini », *Revue de métaphysique et de morale*, n° 17, 1909, p. 461-482, réédité dans *Dernières Pensées*, Paris, Flammarion, 1913.

Rey, Olivier, *Itinéraire de l'égarement*, Paris, Seuil, 2003.

Sanchez-Palencia, Evariste, *Maxwell, Hertz et l'électromagnétisme* [en ligne], Paris, Académie des sciences, 2013. Disponible sur : http://www.academie-sciences.fr/archivage_site/activite/hds/textes/evol_Sanchez1.pdf

Sinaceur, Hourya Benis, « Introduction », Dedekind, Richard, *La Création des nombres*, Paris, Vrin, « Mathesis », 2008.

Stewart, Ian, *Arpenter l'infini. Une histoire des mathématiques*, Paris, Dunod, 2010.

Titchmarsh, E C, *Godfrey Harold Hardy*, 25 : 81-138, Londres, J. London Mathematical Society, 1950.

Van Eersel, Patrice, Xuan Thuan, Trinh, *et al.*, *Le Monde s'est-il créé tout seul ?*, Paris, Albin Michel, 2008.

Wahl, Jean, *Tableau de la philosophie française*, Paris, Gallimard, « Idées », 1962.

Weyl, Hermann, *Le Continu et autres écrits* (traduits et commentés par Jean Largeault), Paris, Vrin, 1994.

Yates, Frances Amelia, *The Occult Philosophy in the Elizabethan Age*, Londres, Routledge, 1979.

Table

I

LA QUÊTE DE L'INFINI :
SE MESURER À DIEU

II
« VOIR LA FACE DE DIEU » : ÊTRE DIEU

III
AU-DELÀ DU MONDE : DÉPASSER DIEU

IV
UNE HISTOIRE AVEC DES PERSONNAGES

V
CONCLUSION

(*suite*)

Les Noces fabuleuses du Polonais, nouvelles, 2015
Ce vain combat que tu livres au monde, roman, 2016
L'Insoumise de la porte de Flandre, roman, 2017

Chez d'autres éditeurs

La Meilleure Façon d'attraper les choses,
livre pour enfants, Yomad, 2001, prix Grand Atlas
Verbannen woorden, poésie, Amsterdam, Vassallucci,
2002, sélection du prix C. Buddingh'
Chroniques des temps déraisonnables,
chroniques, Emina Soleil, 2003
Hollandse woorden, poésie, Amsterdam,
Vassallucci, 2004
L'Eucalyptus de Noël, livre pour enfants, Yomad, 2007
Des Bédouins dans le polder, essai, Zellige, 2010
Le Drame linguistique marocain, essai, Zellige, 2011
Le jour où j'ai déjeuné avec le diable,
chroniques, Zellige, 2012
Du bon usage des djinns, chroniques, Zellige, 2014
*D'un pays sans frontières. Essais sur la littérature
de l'exil*, Zellige, 2015

Composition et mise en pages
Nord Compo à Villeneuve-d'Ascq

FSC
www.fsc.org
MIXTE
Papier issu de sources responsables
FSC® C003309

L'Éditeur de cet ouvrage s'engage
pour la préservation de son environnement
et utilise du papier issu de forêts gérées de manière responsable.

Cet ouvrage a été achevé d'imprimer en octobre 2018
sur les presses de Normandie Roto Impression s.a.s.
61250 Lonrai (Orne)
N° d'édition : 57567/01 - N° d'impression : 1803673

Imprimé en France